相 信 閱 讀

科學天地　17A
World of Science

物理馬戲團 ❸ Q&A

讓你目光如電的光學、電磁學題庫

The Flying Circus
of Physics with Answers

by Jearl Walker
沃克 著　葉偉文 譯

作者簡介

沃克（Jearl Walker）

1945 年出生於美國俄亥俄州。麻省理工學院物理系畢業，馬里蘭大學物理博士。1973 年起，任教於克利夫蘭州立大學物理系，是該校第一位傑出科學教學獎的得主；該教學獎自 2005 年起，命名為「沃克傑出教學獎」，等於表彰他的終身成就。

沃克曾為《科學美國人》雜誌「業餘科學家」專欄撰稿十三年，頗受好評；也上過「Tonight Show」電視節目，表演「危險動作，不宜模仿」的物理實驗，例如躺釘床、吞飲液態氮、赤腳走火炭，而聲名大噪。

沃克最知名的著作就是《物理馬戲團》，已經譯成十種語文，風行世界三十多年，仍持續受到學生及大眾歡迎。1990年起，沃克從著名的教科書作者 David Halliday 與 Robert Resnick 手中，接下《物理學基礎》（*Fundamentals of Physics*）的編修工作，迄今已經完成五次改版，銷量超過百萬冊，是大二理工科學生的「黃金寶典」。

譯者簡介
葉偉文

　　1950 年出生於台北市。國立清華大學核子工程系畢業，原子科學研究所碩士。曾任台灣電力公司核能發電處放射實驗室主任、國家標準起草委員（核子工程類）及中華民國實驗室認證體系的評鑑技術委員（游離輻射領域）。現任台灣電力公司緊急計畫執行委員會執行祕書。

　　譯作有《小氣財神的物理夢遊記》、《愛麗絲漫遊量子奇境》、《物理早自習》、《物理A$^+$班》、《搞笑學物理》、《看漫畫，學物理》等四十多種書（皆為天下文化出版）。並曾翻譯大量專業作品，散見於《台電核能月刊》。

團長的話　　　　　　　　　　　　沃克

　　這些問題都因趣味而來，而我也不想要你們以嚴肅的角度看待它們。這些問題，有的很容易，有的卻非常困難，所以很多人藉著研究這些難題來謀生，即使他們最初是以趣味爲目的。對於你們能答出多少問題，我並不是那麼感興趣，我所在意的，是你們眞能被這些問題所「煩惱」。

　　在這裡我只是想指出，物理並不是那些必須在物理教室裡才能處理的問題。物理和物理問題每天都在發生，且與我們生活、工作、戀愛直至老死的眞實世界息息相關。我希望這本書能喚起你對物理的興趣，找到你的世界裡的**物理馬戲團**。當你在做飯、搭飛機或只是懶洋洋地趴在小溪邊，卻開始思索物理問題時，我覺得這本書就值得了。總而言之，請各位以發掘趣味的心情來面對些問題。

關於解答

　　爲《物理馬戲團》準備答案眞有些危險，即使只是簡答也不例外。首先，我的參考文獻和物理知識可能會錯。尤其對那些目前仍在研究中的主題，特別可能發生，例如球狀閃電問題，這些問題的特性分別屬於幾個不同的物理領域，也在幾種期刊上熱烈討論著。我只能說，我的答案是依照手邊的資料，在有限的範圍內盡力而爲。但請記住，這些簡答只是冰山的一角，在它下面還有大量的物理理論。切勿把它們當成最終的解答，要把它們看成是研究的起點，且每當有剛出爐的文獻或資料時，隨時更新你的答案。

　　第二種危險更嚴重，讓我在準備答案時非常踟躕。讀者在讀完答案後，也許很快就翻看答案，而失去考慮問題的刺激。除非你仔細品嚐每道題目的滋味，就算遇到挫折也一樣，否則你會錯過這本書眞正的價值所在。要學習怎樣檢驗我們生存的世界，大部分得依靠本書的題目而非答案。因此，請儘量多花點時間思索每個題目，再翻看答案，或去查閱文獻尋找答案。

物理馬戲團 3

物理
馬戲團 *1*

物理
馬戲團 *2*

第 **5** 章
她五光十色到處逛

5.1　泳鏡　　　　　　　　　　　　　　　　　　　　🔑 折射

為什麼當你在水中游泳時，帶著泳鏡會看得比較清楚？

中美洲有一種 *Anableps* 屬的怪魚俗稱四眼魚（four-eyed fish，為 Anablepidae 科、銀漢魚目 atheriniformes）可說在兩種不同介質中有最好、或最壞的視力。這種魚游在水面下一點點的深度，牠的大眼珠一半突出水面，一半在水裡。想想你自己游泳時需要泳鏡的理由，為什麼這種魚在空氣和水裡都能看得清楚？

5.2　隱形人　　　　　　　　　　　　　　　　　　　🔑 折射

在威爾斯的（H.G. Wells）著名科幻小說《隱形人》（*The invisible man*）裡，主角把自己身體的折射率改變成一個特定值，使自己隱形。你認為這個折射率是多少？當然沒人看得見隱形人。但你認為在這種折射率之下，隱形人看得見任何東西嗎？

隱形人

Answer

5.1

爲了在視網膜上有清晰的影像，眼球必須折射光線，大約三分之二的光線折射發生在眼球表面。如果眼球上有水，由於眼球的折射率（refractive index）幾乎和水一樣，因此幾乎所有的折射光線都會損失掉。但如果你戴著泳鏡，眼球前面就有一層空氣，反映出正常的折射。可以同時觀看陸上與水中景物的四眼魚有兩個視網膜，和一個呈卵型的水晶體。爲了補償水底眼睛折射率的損失，水晶體的曲率較大，以便接收水底景物發出來的光線。

5.2

眞空的折射率是 1，空氣的折射率比 1 稍爲大一點點，如果一個人的折射率和空氣相等，他就是隱形人了。一般人的折射率比空氣大很多，因此人身後景物發出的光線在通過他時會折射掉一些，後面景物的影像被扭曲之後，我們就看見這個人的存在，尤其他在走動時。而隱形人要看得見景物，必須吸收一些入射光線。這種光線的吸收必須非常輕微，不致讓他呈現出朦朧的形態。簡單地說，隱形人的實體部分，折射率必須接近 1.0，使別人看不見他。但成像部分的折射率要大些，使他能吸收足夠的光線來看東西，但又不能太大，以致於吸收光線的過程被別人看見。

5.3　在浴缸裡玩鉛筆　　　　🔍折射

如果你在洗澡時覺得無聊且無所事事，需要有些東西來打發時間，試著帶一枝鉛筆進浴室，看看它在浴缸底的影子。若你把鉛筆浸一半在水裡，浴缸水底的影子可不太像是一枝鉛筆，倒是像下圖那樣的兩根圓頭木棒，中間被一截空白分離。為什麼中間會有一截空白？它有多寬？

5.4　硬幣在水裡的影像　　　🔍反射　🔍折射

把硬幣放在透明、裝了水的廣口杯底，然後從上向下以某個角度看硬幣，你會發現硬幣的影像浮在水面上。

把你的手放在廣口杯的底部，對硬幣的影像沒什麼影響，但若你的手是溼的，影像會消失掉，為什麼？

Answer

5.3

水因毛細作用沿著鉛筆上升，讓鉛筆旁邊的水面彎曲。彎曲的水面將光線折射，在本來會出現鉛筆影子的區域，形成白色的空隙。

5.4

起初硬幣的影像會出現在水面上，是因為硬幣發出的光被容器底部反射，直接到水面，再折射出來被我們看見。如果你把溼手貼在底部，就破壞了發生在那裡的反射作用，乾手的影響很小是因為它和玻璃的接觸點少得多。在手溼的情況下，手和玻璃之間的空隙會填滿水，使手與玻璃的接觸面積有效地增加，幾乎達百分之百的接觸。因為水和玻璃的折射率大約相同，落入這個區域裡的硬幣反射光大部分會被吸收而損失掉，因此水面的硬幣影像就不見了。

5.5　魚的位置

〔折射〕

若你俯視一條水箱裡的魚，會發現魚的深度看起來比實際深度淺。

與魚的水平距離是不是也同時被扭曲？水平距離的扭曲可能和你用雙眼或單眼觀察有關。試試看把一件物品放在盛水的淺盤裡，然後以近水平的角度觀察它。先把頭擺正，評估它的距離，再把頭傾 90°看一次。假使距離似乎和你頭的姿勢有關，你能不能解釋一下原因？

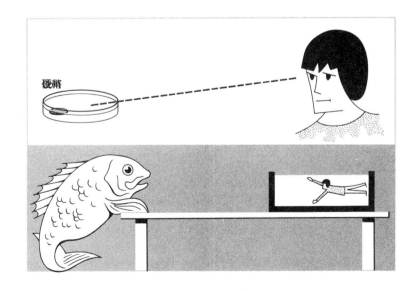

硬幣

Answer

5.5

沉在水裡的物體所發出的光，被空氣與水的介面折射後，會彎向水面射出，因此顯現出來的影像會比沉在水裡的物體實際位置高些。

對正常的視線（雙眼在水平線上）而言，水平距離並未被扭曲。若你將頭轉個角度，雙眼在垂直線上，則到達一隻眼睛的光線，折射後的角度，和另外一隻眼睛的折射角度不同。而你心理上會沿著光線推導回去，以求得沉在水裡的物體位置，你估算的位置不但比物體的實際深度淺些，也比較近。

5.6　雙層窗上的鬼影　　　　　　　 反射

遠方物體為什麼會在雙層玻璃的窗上產生雙重影像？有時候，這種情況不但令人討厭，還可能發生危險，例如塔台在管制飛機起降的時候。

假設一些比較實際的情況，你能計算出真實影像與其「鬼影」之間的角度差嗎？另外，氣候條件及時間（一天當中的時段）如何改變這個角度差？

5.6

穿透第一面玻璃的光線，一部分會被第二面玻璃的內面反射。通常這個反射部分並不太重要，因為大部分的光線會繼續通過第二面玻璃。但假使外面的大氣壓力和兩面窗戶間的氣壓不同，則窗玻璃就不完全是平行的，而部分在內部反射的光線會產生一個模糊但仍然看得見的「鬼影」。

假設窗外有個物體，它發出的光線水平進入第一面窗玻璃。大部分的光線繼續通過第二面窗進入屋內。若這是室內見到的唯一光線，它便會呈現屋外景物的實際影像。但有部分光線被第二面玻璃的內面反射，回到第一面玻璃，又經過一次反射，再次到達第二面玻璃，最後還是穿入室內，構成第二個更黯淡的影像。若兩面窗玻璃不平行，這第二個影像就和原先的影像錯開，成為雙重影像。

5.7　群山蜃景　　　　　　　　　　　○折射

世界上有些地方在下午或傍晚時，會看見群山從海平面升起的景象。這些山都是真實存在的，只是距離太遠而平常看不見罷了。它出現的過程通常如下：在下午時，先有一小片模糊的峰頂突出海平面，隨著午後慵懶時光的緩慢進行，那一小片影像愈擴愈大、愈清晰，直到日落昏黃時，瞬時形成鮮明的峰群，每個山峰甚至都可以清楚辨識。這種群山蜃景是如何產生的？

5.8　Fata Morgana　　　　　　　　　　○折射

所有的海市蜃樓奇景當中，最美麗的就屬出現在義大利和西西里島之間墨西拿海峽（Strait of Messina）的 Fata Morgana（海市蜃樓），其他地區則很罕見。當溫暖的洋面上覆著一層冷空氣時，海面上會很清楚地浮現出一幢幢城堡，不斷地變化、擴展，最後瓦解掉。傳說，這是仙女摩根所住的水晶城堡。這個蜃景是所有海市蜃樓中最難解釋的，它牽涉到幾種互相影響的效應，你能解說這些效應嗎？

📖 仙女摩根（Morgan the fairy）源於義大利文 Morgan le fay，是亞瑟王傳奇中的邪惡仙女，亞瑟王之妹。義大利文 Fata Morgana 一詞便是由此而來。

5.9　綠洲蜃景　　　　　　　　　　　　🔍折射

在很熱的路面上，常常看見水影蜃景，這是怎麼回事？什麼景像讓你認為路上真的有水？另外，在沙漠的綠洲蜃景四周似乎有棕櫚樹出現（即使這種樹根本無法在沙漠地區生長）？當然對一個口渴的旅人來說，看到棕櫚樹就足以讓他深信附近一定有水。

一隻在美國中西部「探險」的鵜鶘，幾乎要為出現在高速公路上的水影蜃景送命。

「這隻可憐的鳥兒已飛了很久，所經之處都是乾燥的小麥殘梗。當牠發現大草原中間有條非常細長、深邃的河流時，迫不及待地飛衝下去想好好涼快一下，萬萬沒想到會撞得滿頭包。」

——摘自《紐約客》（*The New Yorker*）

5.10 牆上蜃景 ♀ 折射

明那特（M. Minnaert）曾描述過在一堵向陽的長牆上，會
出現一種多重影像的蜃景（他建議牆要有10碼以上）。你站
在牆這端，扶牆而立，請你朋友在另一端拿著一件金屬物體
貼近牆。當物體離牆幾英寸時，你會看到它開始扭曲，牆上
會出現這件物體的反射影像，猶如牆是面鏡子似的。在很熱
的日子裡，甚至可以看到第二個影像。為什麼牆裡會有物體
的影像？

5.11　紙娃娃蜃景　　　　　　　　🔍折射

另外有一種不太一樣的蜃景，即「上蜃景」（superior mirage），像下圖那樣，對一個物體而言，有一個以上的影像。這些影像是如何形成的？

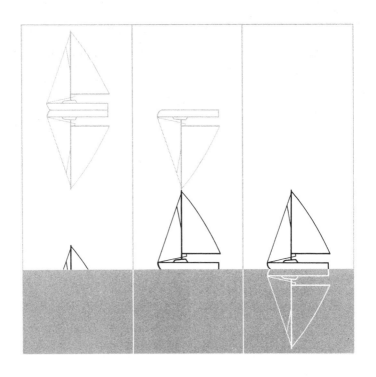

5.7 ~ 5.11

所有這些問題都是海市蜃樓的例子（除了 **5.9** 談到的鵜鶘的故事之外），都是地面附近空氣對光線的折射率隨高度變化造成的。空氣的折射率主要受溫度影響，當空氣的溫度隨高度增加時，就會發生所謂的「上蜃景」。遠處的物體，比如說一座高山，所發出的光線起初是以高於水平的仰角射出。光線愈往上，折射率愈大（因為溫度隨高度增加），最後終於往下彎曲讓你看到。觀察者在心理上會將看到的景物，沿直線導推回去，因此景物就會出現在實際位置的上方。換句話說，影像在實物上方的蜃景，管它叫做上蜃景。

綠洲蜃景則是一種「下蜃景」（inferior mirage），影像出現的地方比實物位置低。在這些例子裡，物體其實是天空。光線由藍天發射出來，而當地面層的空氣溫度隨高度而降低時，會被地表的空氣向上折射，到達觀察者的眼睛，而觀察者心理上將看到的影像沿直線導推回去，就相信在前面不遠的地上有藍色的水體。而熱空氣折射時的擾動，看起來就像是水波粼洵。鵜鶘不可能看得到這種蜃景，因為由天空發出來的光線，不可能以這麼大的角度折離地面。

墨西拿海峽看到的那種「Fata Morgana」是一種很複雜的海市蜃樓影像，引起這種影像的空氣溫度變化和高度之間並不是線性關係。一開始溫度隨高度增加，但到了某個中間高度時，增加的幅度減少。這種在中間高度明顯降低的溫度變化造成了特殊的「三影蜃景」（three-image mirage）。

5.12　單向鏡　　　　　　　　　　　　🔍反射

很多間諜片裡都曾出現一種單向鏡（one-way mirror），但它們真的是「單向」的嗎？試著設計一種玻璃或在玻璃上塗一種塗料，像室內的景像只能從鏡子的一個方向通過。若這不可能，那麼所謂的單向鏡又是如何達成功用的？

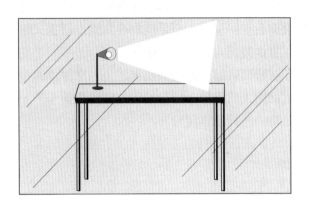

5.13　月食時的紅月亮　　　　　　　　🔍折射

月食，也就是月亮被地球遮住時，為什麼月亮是紅色的？

5.12

大部分的單向鏡都是利用鏡子兩側的照明程度差異很大的原理。比方說一邊是詢問人犯的詢問室,光線很亮,而觀察者在鏡子另一邊很暗的房間裡。由詢問室發出來的光線在碰到鏡玻璃時,會被玻璃的前、後兩面反射。因為另一邊房間很暗,犯人只看見自己反射回來的光線,會認為這是個鏡子。但觀察者在隔壁,卻有足夠的從詢問室透過來的光線,讓他可以看清楚犯人的一舉一動。

如果在觀察者這一面的玻璃再塗上一層薄薄的金屬膜,增加反射給犯人的光線,這扇鏡玻璃就更像鏡子了,但觀察者仍有足夠的光線可以窺看。

5.13

就算月亮在地球的陰影裡,太陽光還是能夠照到它,因為太陽光可經由地球邊緣的大氣層,折射進陰影區域。但在這種折射過程中,可見光譜裡靠近藍光那一端的光線就被排除掉,這也是天空為什麼是藍色的原因(參見 **5.59**),因此只剩下紅色光譜那端的可見光,所以陽光折射之後足以照到月球的光線,會使月亮看起來紅紅的。日出與日落時的天邊紅霞,也是由於同樣的顏色消除作用(參見 **5.58**)。

5.14 鬼影 ♀反射

人們對於一些很怪異的蜃景，很容易就衍生出許多繪聲繪影的故事。你能解釋下面這一則嗎？

「在一個炎熱的八月午後，一個女人在潮溼的地上摘花，她忽然感覺到在幾碼外的地方有個人影。那個人影站在一灘水上，水上方還升起一層薄霧（可能是水蒸氣），輕輕晃動著沒有片刻靜止。女人鼓起勇氣，開口說道『這兒花真多。』她注意到自己、太陽與那人影之間，是個三角形。此時她是向著太陽望去，但並非直接面對那人影。

她起初以為這個人影可能只是一種幻覺，對方是面對她直潑潑地站著。後來她覺得這很像自己的影子，因為那影子手裡也拿著一束花。當她移動自己手裡的花，對方也做同樣的動作。對方的穿著和花朵都和自己一樣，鮮美的顏色栩栩如生。她能看清對方的形態和顏色，就好像自己面對著一片穿衣鏡似的。」

—— 摘自博特利（C. M. Botley）的〈Mirage — What's in a Name?〉

《氣象》（*Weather*, Vol. 20, p.22, 1965）

不用說，這個女人當然嚇壞了，跟跟蹌蹌地飛奔下山去和同伴們會合，同伴也有人看到了這個影子。

5.14

雖然海市蜃樓的影像通常是光線折射造成的（參見 **5.7**），
而這裡所描寫的特殊影像卻顯現出起因於反射作用，那個女
孩可能是看到了自己在薄霧裡的反射影像。除此之外，不會
有什麼其他原因，這是目前為止所能猜測到的。反射蜃景發
生的物理可能性目前只能猜測。

5.15　兩片鏡子裡的影像數目　　♀反射

若在服飾店的穿衣間前有兩面鏡子，像左圖那樣擺，而你站在鏡子前面，你會看到鏡子裡會有多少個自己？爲什麼影像的數目和鏡子之間的夾角有關？它和你站的位置有沒有關係？若有關係，你應該怎麼站才會得到最多影像？如果你在腳旁放件行李，行李的影像數目和你一樣嗎？

5.16　光線的彈跳　　♀反射　♀折射

一個裝了水的容器中，放入幾塊糖塊，先不要攪拌它，用一束窄光線（如雷射光）從一旁射入，則光線會先彎向底部再彈起來。光線爲什麼會向下彎？又爲什麼會彈起來？最後，光線彈起之後，什麼原因會使光線再次下彎？

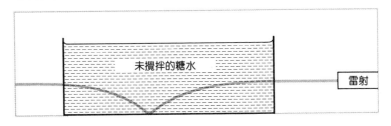

未攪拌的糖水

雷射

Answer

5.15

物體在兩個鏡子裡有多少影像，和兩鏡之間的夾角與物體和
鏡子之間的相對位置的關係等，目前並無公式可循。

5.16

未攪拌的糖水的折射率隨深度而變，因爲愈接近底部糖愈
多，折射率就愈大。當雷射光進入溶液時，假使起初只有微
微向下彎，但因爲折射率愈來愈大，光束會彎得愈來愈厲
害。最後雷射光束碰到底部，反射回來。當光束往上時，又
碰上隨深度變化的折射率，因此光束會不斷折射。音波折射
亦和這種光線折射型態類似，可參考第Ⅱ冊 **4.29** 與 **4.38**。

5.17 綠色閃光
♀折射 ♀散射

在落日的頂端沈入清晰的地平（horizon）之後，你可能會看到由太陽發出的，很清楚的綠色閃光，大約10秒鐘之久。怎麼會這樣？它會是個光幻視（optical illusion）嗎？比如說太陽的留像（afterimage）。長久以來，大家都這麼想，直到攝影師拍下閃光照片爲止。

在較高緯度，閃光現象可以持續較久。依據記載，「拜德的南極探險隊員在太陽由漫漫長夜升起時，曾看到沿著地平持續35分鐘的閃光。」要觀察到這種現象，清晰、明確的地平是很重要的，比如太平洋遠方的地平。據海軍少將金德（Kindell）的說法，在1945年的沖繩戰役時，幾乎每個晴朗的落日，他與其他海軍同僚都看到這種閃光，十分強烈、明亮。

另外一種類似但十分罕見的紅色閃光，則是發生在太陽突破雲端之際。

📖 伯德（Richard E. Byrd, 1888 - 1957），美國海軍軍官、飛行員，亦爲著名的極地探險家，尤其以他駕飛機探險南極之事蹟，最受人津津樂道。

━━━━━━━━━━━━━━ *Answer*

5.17

綠色閃光是陽光被地球大氣分離所造成的，就像光線被三稜鏡色散（dispersion）的現象一樣。

當陽光進入大氣之後折射，使光線比折射前略偏垂直方向，結果太陽在空中的位置看起來比它實際的位置要高些。波長較短的光（光譜中偏藍色的那端），比波長較長的光（即紅色光譜那端）折射得更厲害，結果太陽的藍色影像比紅色影像略高，而光譜中間顏色的影像則介於紅藍影像之間。但藍色會由於大氣的散射而消失（見 **5.59**），因此最高的太陽影像就變成綠色的。當太陽沈落於地平線下，最後能看見的影像便是綠色。

5.18　變平的太陽與月亮　　　　　🔍折射

在接近地平時，太陽與月亮的外觀為什麼會變平？你能否大略計算一下扭曲的程度。

5.19　地平上的藍絲帶　　🔍反射　🔍偏振　🔍布如士特角

地平通常比天空或海水的其他部分更深藍或更灰。事實上當你站在海灘看過去時，會覺得好像有人拉長一條藍絲帶來標示地平。但若你躺在沙灘或爬在高處上望過去，藍絲帶就消失了。產生色帶的原因可能是由它發出來的光線幾乎完全被線性偏振（linearly polarized）了。你能說明色帶和偏振嗎？

Answer

5.18

太陽發出來的光線會被大氣折射，當太陽愈接近地平時折射愈多。想像一下當太陽的下緣接近地平時，若不是因為折射，太陽的下緣會比地平低超過半度，在此同時，太陽的上緣也會比沒有折射的實際太陽低，但少於半度。因此在折射情況下，太陽的垂直長度比實際的長度少（實際上大約短少6分的弧度），而水平寬度受折射的影響較小（大約只短少半秒弧）。所以當太陽在地平上時，看起來像個橢圓形（別把這種折射效應和**5.134**所談的光幻視混在一起）。

5.19

藍絲帶就是地平處的海水反射藍天而形成的。根據**5.20**的解答，地平的海波反射的光，平均是由與水平夾約30°上方的天空所貢獻的。在一天的大多時間裡，這部分的天空顏色比其他部分藍，因此被這部分藍天反射的海水呈較深藍的帶狀。反射所偏振的光會和海水面平行（參見**5.49**）。

📖 偏振（polarization），是使光波或其他橫波的振盪約束在某個平面內的作用或過程。

5.20　海面反射不出 30 度角内的物體　　⚲反射 ⚲偏振

若你向海平面下望去，會發現一些物體在海面的反射影像，但這些物體和海平面的角度都超過 30°，30°角以內的物體都沒有反射影像。爲什麼？因爲你觀測的位置不同，是不是波浪的平均斜度決定了最小反射角，而與海平面約夾 15°？但實情並非如此，你能想想什麼理由讓海面的反射有這種限制？

5.21　月光的三角形　　⚲反射 ⚲偏振

當月光被反射在海上或湖上時，爲什麼水面上會有個明亮的三角形？什麼決定這個明亮區的形狀與寬度？同時在水平面正上方的天空，還有一個對應的三角形暗影，爲什麼？

Answer

5.20

當然並不是所有海浪都是 15°斜度。只是由海面所反射的光線主要是來自與海平面成 30°角的天空，這是一種整體效果，因此看起來就好像所有海浪的斜度都是 15°。斜度小的海浪比斜度大的海浪更有機會發生，但它們只反射了一小部分的天空。大斜度的海浪雖然出現的機會較少，但它們以較大的角度反射較大部分的天空。非常大斜度的海浪極少出現，因此反射出天空的成分極少。整體的效果就是，與海平面成 30°左右的天空最會被海面反射，而角度較小的天空反射量很少，甚至看不見。

5.21

無秩序的水波傾斜狀況使光源（太陽、月亮或人造光源）的反射影像散開來。而它向左右散開的程度小於觀測者與地平之間的散開程度，這和反射光與觀測者的幾何關係有關。明亮區域的寬與長比是 $\sin \theta$，而 θ 是光源的水平仰角。海平面上的三角形暗影是對比效應，如果把視野裡明亮的區域遮住，這種影暗的幻覺也會跟著消失。

5.22 發亮的黑布

反射　偏振

為什麼有些黑色布料會閃閃發光，有些不會？

黑給我們的感覺有發亮的、有暗沉的，有些黑牆看起來有光澤，有些就很死沈。

黑色不是會吸收掉可見光嗎？那會發亮的黑色表面是怎麼回事？

5.22

如果衣料的線是平行編織的普通樣式，有整齊的紋路，這種衣料做的衣服就會發亮。從某個角度看這樣的布料時，大部分的入射光線會反射出來。換個角度，反射量會減少。因此若穿著這種衣服在亮光下走動，有時反射得很好，有時則否，會給人閃閃發光的感覺。

當垂直織布平行紋路的線，是入射光與反射光夾角的分角線時，此方位會使觀測者看見最亮的反射光。

5.23　倒影　　　　　　　　　　⚲針孔光學

在一張不透明紙上鑽個針
孔，將紙放在離眼睛幾英
寸的地方，閉上另一隻眼
睛，然後，很小心地握一
枝小鐵釘，擺在眼睛與針
孔之間。

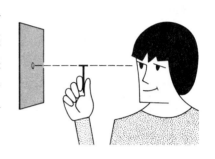

移動小鐵釘，直到針孔的光圈中出
現一個鐵釘的影子為止。是什麼原
因產生這個影像？釘子為什麼顛倒
了？另外，為什麼釘子看起來好像
在針孔的另一側？

5.24　針孔照相機　⚲幾何光學 ⚲繞射 ⚲像差 ⚲鑑別率

最簡單、也最容易製作的照相機是針孔照相機。此外，使用
針孔取代透鏡有一些優點，例如針孔沒有線性扭曲的問題，
且景深非常大。針孔相機會不會有顯著的像差問題？特別
是，有沒有任何色彩的扭曲？最佳的針孔大小是多少？若孔
大於或小於最佳尺寸，對你的照片有什麼影響？

📖 景深（depth of field）：感光膠片上形成清晰影像的景物深度。

Answer

5.23

釘子會在眼球的視網膜上，形成一個顛倒的真實影像。但大腦經過判讀之後會把它顛倒回來，讓你看到同樣方位的釘子。釘子的影子也會呈現在視網膜上，但它的影子方位並沒有顛倒，但我們的大腦已經習慣把視網膜上的影像顛倒處理，因此影子看起來反而是顛倒的。

5.24

最適當的小孔半徑大約為 $\sqrt{0.6\,\lambda\,f}$，其中 λ 是光的波長，而 f 是小孔和銀幕或底片間的距離。孔徑太大，相片的鑑別率（resolution）就變差；孔徑太小會產生繞射（diffration）條紋。（所謂繞射是一種干涉效應，是光波的自然特性，聲波也有繞射作用，參見第Ⅱ冊 **4.42**、**4.43**。）

針孔攝影機會有色像差的問題，因為對固定的針孔而言，底片和針孔的最佳距離和光波的波長成反比，而藍光和紅光的波長並不相同，前者約0.4微米，後者達0.65微米。

📖 像差（aberration）：反射或折射光不聚集於一點，而使像有模糊不清的現象。而色像差（chromatic aberration）是因各色光之折射率不同，使折射後各色光聚集於不同點的現象。

5.25　日食的葉影

🍡幾何光學 🍡繞射

若你在日食的時候觀察樹葉的影子，會看到日食的影像投射在地上。這些影像是怎麼來的？它們隨時都會出現嗎？還是只出現在日食的時候？

5.26　光暈

🍡幾何光學 🍡反射

有時候清晨的草地上會撒滿露珠，這時觀察你的頭在草上的影子，在影子的周圍有一圈亮光，稱為光暈（heiligens-chein）。

為什麼露珠會產生這圈光暈？又為什麼你全身的影子外沒有光暈？小草的葉片除了能保持露珠之外，對光暈效果有沒有其他的作用？當太空人在月球漫步時也看到非常明亮的光暈，你能解釋嗎（它當然與草上的露珠無關）？

5.25

這個影像是針孔影像，而針孔就是樹葉間的縫隙。這種針孔
影像在白天其實一直都存在，但陽光實在太耀眼了，相形之
下就看不見了。日食時，陽光被月球擋住，我們就能看得見
這種針孔影像。

5.26

射入露珠的陽光會沿著光線進來的方向強烈反射回去，也就
是逆反射（retroreflection）。部分反射發生在露珠的前表
面，部分發生在後表面，就在你的眼睛和太陽的連線在露珠
上的交會點。以其他角度照在露珠的光線也會進入露珠，在
背面發生反射。

5.27　自行車的反光片　　　♀幾何光學 ♀反射

如果你對自行車的反光片打光，幾乎不論光源來自哪個方向，它都會將光反射給光源。為什麼它的反射功能這麼好？當然一般的鏡子的反光效果也不錯，但除非入射光和鏡面垂直，否則反射光並不會照回光源。自行車的反光片究竟有何不同？若一束細光被反光片反射，反射的光束會有多寬？

5.28　樹葉上的棕斑　　　　　♀幾何光學

白天在樹葉上灑水並不是個好主意，因為樹葉上的水滴會在葉片上留下一個棕色斑點。為什麼？

5.29　黑暗中的貓眼睛　　　♀幾何光學 ♀反射

為什麼在黑暗中用手電筒照貓咪的眼睛，會發現一雙發亮的貓眼？但白天時卻不會如此顯著，為什麼？

貓眼睛反射光的量，是否和你的視線與入射光之間的夾角有關？若同樣在黑暗中用手電筒照人的眼睛，卻不會發亮，為什麼？

5.27

有一種反射體會讓反射光都回到光源去，即使光源不在反射體的中心軸上，這稱爲逆反射體（retroreflector）。逆反射體有時是球體（見 **5.26**）、三稜鏡，甚至可能是鏡子和透鏡的組合。完美的逆反射體沒有什麼特別的用處，因爲觀測者的眼睛幾乎不會和光源在同一位置。大多數的逆反射體都是不完美的，照回光源的反射光錐（cone of light）總是比照射進來的原始光錐寬。舉個簡單的逆反射體例子，就是在三面不互相平行的鏡子角落，從任何方向進入角落的光線，依序經過三面鏡子的反射之後，會再沿著原先入射方向反向回去。

5.28

水珠會使光線聚焦，在葉子上形成太陽的影像，把葉子燒黃了。

5.29

貓和某些動物的眼睛是逆反射體，因此在漆黑的房間裡會特別引人注意。牠們的眼睛由一組透鏡與曲面鏡組合而成，將反射光以光錐形式射回，經過光源。肉食動物的視網膜後方，有一層鋅半胱胺酸（zinc cysteine）晶體，能提供較高的反射比（reflectance）。

5.30　頭部影像四周的光線　　　　♀幾何光學 ♀反射

「我看著光線向四方輻射出，

從我頭部的影像，

在陽光閃爍的水面上…

發射出美妙的光芒，

從我頭部的影像，或任何人的，

輻射在陽光閃爍的水面上。」

——摘自＜橫越布魯克林的渡輪＞（Crossing Brooklyn Ferry）

惠特曼（Walt Whitman）的《草葉集》（Leaves of Grass）

如果你頭部的影像是映在有輕微擾動的水面上，會有光線由此影像朝四面八方輻射。若水面平靜，或有規則的波紋，就不會出現這個現象，為什麼？

5.31　下雨時的亮光　　　　　　　♀反射 ♀光度學

偶爾你會看到遠方的雨，甚至在某些情形下，你會注意到當那降水區被陽光直接照射時，可以看見一條清楚的水平線。而在水平線之上的降水區比水平線下方亮很多。為什麼會有這種亮度的改變？

Answer

5.30

是水波的方向偶然地把光反射到你的眼睛裡。水波的方向要能把光線反射給你，還必須持續地變換波型，你就會看到自己影子的頭部有光線向外輻射。

5.31

這條水平線標示出飄雪熔化的高度。線上方的雪比下方的雨水更能反射光線。

5.32　彩虹顏色　　　🔹幾何光學 🔹反射 🔹折射

彩虹的顏色分離，通常認爲是陽光通過雨滴時，產生折射與反射作用。然而，光線入射於雨滴表面的角度範圍很廣（右圖），射出於雨滴的光線就算有特別的顏色，不是應該也有很廣的角度範圍嗎？那爲什麼你會看到彩虹裡特定的顏色對應著特定的角度？

事實上，彩虹的顏色眞的像三稜鏡所色散的那麼純嗎？若簡單的折射原理無誤，彩虹的光線顏色應該非常純才對。

副虹（secondary ranbow，即霓）的顏色次序爲什麼和主虹（primary ranbow，即虹）相反？又爲什麼霓極少出現？事實上，爲什麼天空中只有兩種彩虹？若虹是光線在雨滴裡經過一次反射，霓是光線在雨滴之中二次反射的結果，那麼多次的內部反射不就可以形成更多彩虹了嗎？

在下小雨的晚上，利用探照燈的光束可以看到雙彩虹。當探照燈掃過天空，彩虹會由光束的上、下兩邊掠過，甚至會暫時消失。你能說明彩虹的這種運動嗎？

Answer

5.32

由水珠射出來的光確實有大範圍的角度，但彩虹顏色所顯現的角度卻是最強光線的集中區。（在射線原理中，你可以說這個角度的射線最密集。）在可見光裡，不同波長的光折射程度不同（藍光比紅光折射得更厲害），每種顏色其射出光線最強的角度會稍有差異。因此在形成彩虹的角度裡，各種顏色不但明亮，而且稍微分離，使我們能夠分辨（另外參考 **5.42** 的答案）。但這種色散情形和三稜鏡所呈現的並不相同，彩虹實際上是多重色光重疊形成的（參見 **5.34**）。

副虹（即霓）的顏色次序和主虹相反（副虹在天空的位置比較高且較少出現），這是因為形成霓的光線在水珠裡經過兩次反射，結果它們射出水珠的角度自然和虹不同。既然藍光比紅光折射得厲害，霓裡的藍光出現的角度當然就比紅光大得多，而虹只經過一次反射，顏色的次序必定和霓全然相反。

實驗室裡曾見到經兩次以上反射的彩虹，也曾有人發表看過第三道彩虹（光線在水珠裡經過三次反射），當時不但太陽的位置很低，它上方的天空還有一大片烏雲蓋住。通常我們看不見高階的彩虹，因為它們比水珠反射的眩光（glare）或背景天空還黯淡。

5.33　彩虹裡的純紅　　　　♀幾何光學 ♀反射

為什麼當太陽位置比較低的時候，彩虹中的紅色會在垂直的部分出現純紅？（太陽位置要低，才會看到垂直部分的彩虹，但你若在高點觀察彩虹，太陽的位置不須很低，即可看見垂直部分。）

5.34　複虹　　　　　　　　　♀幾何光學 ♀繞射

有時在鄰近主虹的下方，可以看到粉紅色和綠色的弧。極少數情況下，它們也會出現在副虹的上方。為什麼會有這種額外的弧？如果形成彩虹的原因那麼簡單，這件事不是很奇怪嗎？為什麼它們的位置不在主虹與副虹之間呢？

Answer

5.33

水珠在墜落時受到空氣阻力，在垂直方向上會變得比較扁平，造成彩虹中的紅色光分布不均勻。因為水珠的水平橫截面仍然是圓的，光線經過這個部分，形成彩虹的垂直段，它的彩色分布是完整、清楚的。在虹的頂端，光線必須通過水珠的變扁平的部分，這會造成紅色更向內、向下彎，因此我們看到的紅色就減弱了。小水珠受到的空氣阻力影響比較小，可以呈現完整的彩虹。

5.34

要想正確計算彩虹中的顏色分布與強度，已經無法應用那些追蹤光線在水珠中路線的技巧，而必須將光看成波。就算入射水珠的光波是一種平面波（plane wave），當它射出水珠時便不是了。射出的光會產生一種干涉圖樣（interference pattern），圖樣裡的主要波峰（最明亮的區域）就是一般彩虹裡的明亮色彩，這和先前的射線並沒有什麼實質上的差異，但仍有些微妙的影響。顏色的角度、位置現在更正確，而且還能求出顏色隨水珠大小改變的關係（見 **5.42**）。但更重要的，是出射光波的干涉解釋了偶爾出現在虹下方或霓上方的模糊的弧。這種特別的弧是干涉圖樣的其他波峰，它們出現的機會很少，是因為強度比圖樣中的主要波峰弱，而它們的可見度也與水珠大小的一致性有關。

5.35　虹與霓間的天空　　　　　　　　♀幾何光學 ♀反射

爲什麼主虹與副虹之間的天空，比天空的其他部分暗些？

5.36　彩虹的偏振　　　　　　　　　　♀偏振

彩虹會偏振嗎？如果是，你能解釋它的偏振現象嗎？

Answer

5.35

在彩虹出現方向的天空中，會有一般的背景光亮和一些眩
光，是來自水珠外表的反射陽光；而在主虹下方，還有那些
在水珠內部經過一次反射的陽光。這種一次內反射中最亮的
光線，其反射角度的方向正是虹形成的位置，而仍有其他內
反射的光，往低於主虹位置的角度反射回去。但比主虹角度
大的地方，就不會有這種一次內反射光，也就是說大角度的
反射光離不開水滴。

相同的情形也出現在兩次水珠內反射時。兩次內反射最亮的
光線形成霓，而其他兩次內反射的光線會出現在比霓更大角
度的位置，但不會出現在更小的角度的位置，因為小角度的
反射光離不開水滴。因此除了背景的天光及眩光之外，在虹
之下與霓之上都有一些額外的反射光，但兩者之間卻沒有，
這段天空相對上就比較暗。

5.36

因為光線被水珠折射與反射，彩虹會偏振，它的偏振方向和
弧上的每一點平行。

5.37　月虹

◦光度學

月虹（lunar ranbow）非常罕見，這只是因為月光比日光黯淡得多嗎？還是另有原因？

5.38　彩虹的距離

◦幾何光學

彩虹和你之間的距離有多遠？也就是說，水滴的距離是多少？有沒有可能彩虹只離你幾碼？

如果你觀察因草地灑水器而形成的彩虹，你很可能看到兩個相交的彩虹，怎麼會這樣？

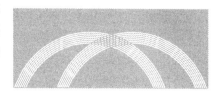

5.39　彩虹柱

◦反射

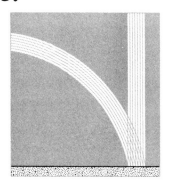

左圖的情況很罕見，但的確有人見過彩虹的底腳處出現一條垂直的光柱，為什麼？（有人曾拍過一張這種光柱的相片，但至今為止，還沒有任何解釋。）

Answer

5.37

月虹之所以少見，不但因為月光比日光弱很多，另外還由於月亮出現時，很少碰到適合產生彩虹的氣候與時間。一天之中最常出現雷雨的時段是午後和傍晚（參見第Ⅱ冊 **3.43**），因此月亮沒什麼機會「製造」彩虹。而且當月亮的形狀改變時，月光的強度也跟著改變，使它發生月虹的機會更微渺。

5.38

產生彩虹的水滴和觀察者之間沒有特定的距離，有關的只是水滴對太陽和觀察者連線之間的角度。水滴可以距觀察者僅幾碼，或數英里遠。若產生彩虹的水滴僅有數碼之遙，如鄰近花園的灑水器，則每個人都可看到自己的彩虹。

5.39

彩虹柱其實是主虹的一枝支柱。一般的主虹是由陽光直接反射造成的，但在一水體附近，由水體反射的光也會產生另一道彩虹。雖然這種水體反射光形成彩虹的幾何條件和正常彩虹完全一樣，但由於反射之故，它在空中的方位和正常彩虹不太一樣。如果整條反射光彩虹皆可見，它在空中的中心點會高些，因此在靠近地平的地方，它的支柱會比正常彩虹更陡。由水體反射時，陽光的強度會損失，因此反射光彩虹比正常彩虹弱，而且少見。

5.40　彩虹倒影 散射

如果你有機會同時觀察彩虹與它的水中倒影，你可能注意到它們的形狀和位置都不同。

如果當時天空中有雲，你會看到類似下圖的情形。為什麼它們和雲之間的相對位置不同？

─── Answer ───

5.40

和前一題的現象對照，本題的現象只是正常彩虹的鏡面反射。雖然有人說正常彩虹與鏡面反射的彩虹形狀完全相同，但也有人指證歷歷，認為反射的彩虹比較扁平，因為它的弧度比上面的正常彩虹小。

這種外觀上的差異是來自兩者散射角的要求不同，一個是光線由水滴射出，形成彩虹，另一個則是彩虹由水面反射到你的眼睛。符合這樣角度要求的水滴，比起直接形成彩虹的水滴位置，其水平仰角比較小。

5.41　露虹　　　　　　　　♀幾何光學 ♀繞射

在沾滿露珠的草地上，爲什麼也看得到彩虹（露虹，dew-
bow），或是表面浮油的水塘裡也會有這種情況？你能解釋
它的形狀嗎（下圖左）？而爲什麼因路燈形成的露虹是另一
種形狀（下圖右）？

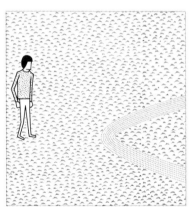 

5.42　霧虹　　　　　　　　♀幾何光學 ♀繞射

爲什麼霧虹（fogbow，亦有mistbow或white rainbow兩說
法）——霧中形成的彩虹，其外邊是白色帶橘色而裡面是藍
色？它比一般的彩虹大約寬兩倍，又是怎麼回事？
街燈也會產生霧虹嗎？若是，你認爲它和由日光產生的霧虹
有何不同？

5.41

一般的露虹是來自草上露珠的彩虹。若以太陽與觀察者眼睛的連線為軸線，露虹大約和此軸成42°夾角（見 **5.32**），而且若視野中的地面沒有被懸浮的水珠干擾的話，露虹應該是個完整的圓。因此若地面布滿露珠，則通常在地平之下的那部分彩虹也看得見。42°角的要求還是存在的，但水珠並非充滿觀察者前方的空間，而是局限在一水平面上，因此露虹看起來會是雙曲線。一般的露虹，其入射光主要是來自太陽的平行光線。而路燈的光線就有很大的角度變化，因此儘管成虹的42°角要求不變，但光入射水珠的角度範圍很廣，因此產生的彩虹形狀會很奇怪。

5.42

解釋彩虹現象時所使用的射線理論與稜鏡分光原理（見 **5.32**），無法說明霧虹，必須應用 **5.34** 裡的彩虹干涉原理。正常彩虹的顏色是光線折射出水珠時，干涉圖樣裡的主要波峰。當水珠的直徑小於1公釐時，這些不同色光的波峰寬度會增加，以至於互相重疊在一起，無法區別顏色。而在形成彩虹的角度上，光的強度還是最大、最亮、無法分出顏色，因此就形成白色的虹。

5.43　日柱　　　　　　　　♀大氣光學

在接近黃昏或太陽剛升起不久，我們常會看到太陽上方或下方有根光柱，稱為日柱（sun pillar）。日柱的顏色可能是白色、淡黃、橘色或粉紅，相當漂亮。在某些情況下，戶外的人造光源如路燈，甚至也會在其上、下方產生光柱。這些日柱或光柱是怎麼造成的？

5.43

太陽上方與下方的光柱是光線被墜落的冰晶的外表面反射所造成的。這種六角形冰晶有各種不同形狀，若縱軸比寬度短，我們稱為片狀晶（plate），有些縱軸比寬度長，則稱做針狀晶（needle）或筆晶（pencil），兩種都能形成日柱。

以片狀晶為例，在它落下時，周圍的空氣會使它往水平發展，使得到最大的空氣阻力。若在觀察者的視野裡，它的位置比太陽高，陽光會由片狀晶底部反射，看起來在太陽上方的天空裡就會有一條相當明亮的區域。若片狀晶在太陽下方，反射就發生在晶體上表面。

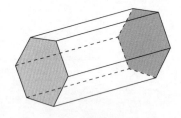

片狀晶　　　　　　　針狀晶或筆晶

5.44　幻日　　　　　　　　　　　♀大氣光學

幻日（sun dog，亦有mock sun和parhelia兩說法）是在太陽一側或兩側的明亮影像，通常出現在22°暈（22°halo）之外（若暈是可見的話），如下圖所示。太陽在空中的位置愈高，幻日的距離愈遠。但是當太陽的位置高過60°時，幻日就消失了。你能解釋幻日是怎麼產生的嗎？為什麼它們的位置與出現與否和太陽的高度有關？再者，為什麼它們比22°暈更富有色彩？

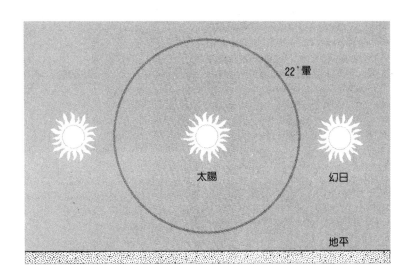

5.44

幻日是光線被墜落的冰晶折射所造成的。冰晶是六角形，有個垂直的中軸（和六個面平行）。雖然光線被冰晶折射的角度範圍很大，但最亮的部分其角度的偏差卻很小。

若太陽、冰晶和觀察者同在一個平面上，則這個最小偏差角大約是22°。因此觀察者在太陽兩側，與太陽夾角22°的位置會看到亮光，那就是幻日。當太陽上升後，冰晶軸不再和光線垂直，太陽和幻日之間的角度增加，最後太陽會高到讓亮光消失掉。

冰晶像三稜鏡一樣，會使光線的顏色分離，因此幻日也是彩色的。

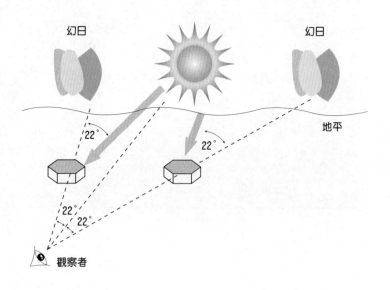

5.45 22°暈　　　　　　　　🔍 大氣光學

在大部分地區，都常見到太陽或月亮周圍的暈，而最常見的一個是離太陽或月亮 22°角的日暈或月暈（見 **5.44** 圖）。它的內圈是紅色，而外圈是白色或藍色。不像日冕緊鄰太陽或月亮，在 22°暈內的天空是黑暗的。

當然暈是光線在大氣中某處散射形成的，但什麼樣的散射會這麼均勻？你認為 22°暈會是日光被高空的灰塵散射造成的嗎？另外，為什麼暈內部比較暗？

幾乎一般人都認為暈是驟雨的前兆，有任何事實的根據嗎？

5.45

22°暈的成因和 **5.44** 類似，也是光線被墜落的冰晶折射而成的，冰晶軸可以是任何方位，只要與光線射平面垂直即可。因此在距離太陽22°的任何位置，正好有些方位適當的冰晶，折射了陽光造成亮光，這些冰晶集合起來就形成22°暈。冰晶會像稜鏡一樣把顏色分離，因此這個光暈也是有顏色的。可見光之中，藍光折射最厲害，因此在光環的外側。

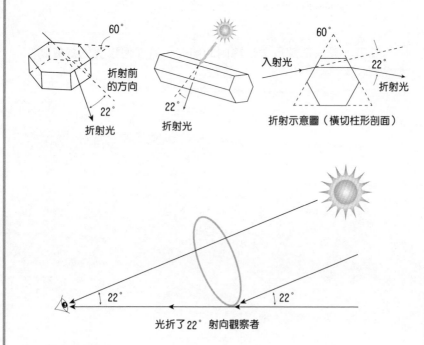

光折了22°射向觀察者

5.46　其他光弧與暈　　　　　　　　♀大氣光學

如果所有和太陽有關的光弧與暈都同時出現的話，景像會相
當震撼，但通常你只能看到其中的幾個光弧和暈。其中有些
非常罕見，事實上眞的存在與否仍頗有爭議，例如日耳
（Lowitz arc）。

當太陽改變位置時，有些光弧的形狀會大幅變動，因此若想
描繪它們，需要長期觀察。你能解釋自己看到過的一些光弧
或暈嗎？（請看次頁的圖）

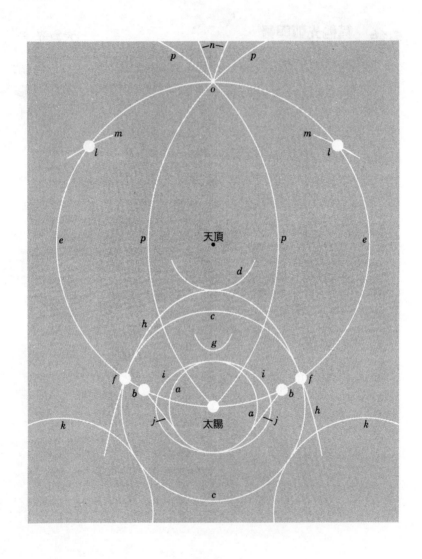

5.46

曾有人提出 22°暈與太陽光柱的電腦模擬研究。為了解開所有觀察或推測到的弧，必須完整地模擬墜落冰晶的散射作用，包括片狀晶和筆晶（見 **5.43** 答案頁圖），而墜落的方式也須考慮進去，不論它是定向墜落或旋轉墜落，當然還必須配合太陽在空中的不同位置。下面是一些模擬的結果，它們之間有些還有疑問，也有些可能是錯的，分別解釋如下（相對的字母參考左頁圖）：

〈a〉、〈b〉22°暈與它的幻日：參考 **5.44**、**5.45**。

〈c〉46°暈：形成這種光環的光線折射原理與 22°暈類似。不過 22°暈的產生，好似光入射進一個 60°的三角柱，而 46°暈的折射光線是通過冰晶的頂面或底面，再由六柱體的其中一面射出，因此可看成是入射進一 90°角柱形的折射光線（見插圖）。同樣的，這個幾何條件的折

左頁圖　太陽附近可能出現的光弧與光暈（並非全部同時出現）。

〈a〉22°暈　〈b〉22°暈的幻日　〈c〉46°暈　〈d〉日戴　〈e〉幻日環　〈f〉46°暈的幻日（Parry arc）　〈g〉內暈（Parry arc）　〈h〉46°暈的上珥（supralateral tangent arc）　〈i〉22°暈的珥（tangent arc）　〈j〉日耳　〈k〉46°暈的下珥（infralateral tangent arc）　〈l〉側反日（paranthelion）　〈m〉側反日弧（paranthelic arc）　〈n〉反日的窄角斜弧（narrow-angle oblique arc to anthelion）　〈o〉反日（anthelion）　〈p〉反日的廣角斜弧（wide-angle oblique arc）。

射光角度偏差最小，因此最亮。所有符合適當方位的冰晶散射集合成 46°暈。

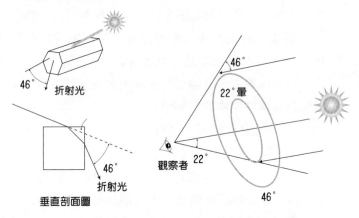

〈d〉日戴（circumzenith halo）：光線經過兩個相鄰、且互相垂直的冰晶平面後所形成的暈。要形成日戴，太陽的高度必須低於地平上 32°。

〈e〉幻日環（parhelic circle）：陽光由墜落冰晶的鉛垂面反射而成。

〈f〉46°暈的幻日：這些非常罕見的光亮斑點，成因與 46°暈的散射類似，但只限於縱軸為水平方向的冰晶。

〈j〉日耳：要產生這個弧，六角形的片狀晶要沿著平行於片狀晶面上的軸旋轉。光線會由六面垂直的面之一射入，再由另一面射出。形成最亮折射光的幾何條件，就是那些能產生最少偏差的入射光，而日耳就是符合條件的晶體所集合出來的弧。

5.47　王冠閃電
♀電場 ♀反射

常有一種輝煌的光紋與閃電主體同時發生，它會沿雷雨雲向上與向外發光。這種閃光（稱為王冠閃電，crown flash 或 flachenblitz）是一種不尋常的放電形式嗎？還是最初閃電的一種特別的反射光？

5.48　車燈的偏振
♀偏振

有偏振作用的塑膠燈罩起初是用在汽車頭燈上，以避免夜間對方來車的刺眼強光。它是如何作用的？塑膠片的最佳方位是什麼？別忘了你還是必須看清對方來車，因此不能把光線全擋掉。這與擋風玻璃的傾斜有關嗎？你的偏光太陽眼鏡有類似的效果嗎？

Answer

5.47

王冠閃電是光線被墜落的六角形片狀晶鏡面反射形成的（這也是 **5.43** 中日柱的成因），雷雨中的電場使這些片狀晶形成電偶極（electric dipole，即一端帶正電而另一端帶負電），並在電場裡整齊排列。通常片狀晶在墜落時，寬的面會朝下，以得到最大的空氣阻力。但閃電的瞬間，電場發生變化，冰晶的方向改變，使某部分雲顯得特別亮。如果電場改變的範圍擴及整片雲，那片雲都會亮起來。

5.48

起初有人建議將汽車頭燈以偏振濾鏡遮住，而濾鏡的方向和擋風玻璃上的偏振濾鏡方向成 90°。在這樣的方位設置之下，駕駛就看不見迎面而來的汽車頭燈，因為偏振光將無法穿過他前方的濾鏡。這種情況其實也蠻危險的。濾鏡若不是相差 90°，而仍可以看得到一部分對面來車的頭燈，情況會好得多。另外還有一項缺點（可能足以致命），就是濾鏡也吸收掉部分周圍的光線，比如說路燈的光線，因此整個視野會暗得多。另外，擋風玻璃上濾鏡的傾斜關係重大，必須標準化才行，這也有困難。

5.49 偏光玻璃與刺眼強光 偏振

為什麼偏（振）光太陽眼鏡會使光線不再那麼刺眼？（無偏光作用的墨鏡只是減少進入你眼球光線的總量，而非選擇性地阻擋刺眼強光。）

偏光墨鏡何時能幫助漁夫，更清楚看到水面下的情形？

Answer

5.49

陽光是不偏振的，也就是說，它電場的振盪和前進方向垂直，但並不順著任何特定的方向。但從一個物體表面反射的陽光卻是偏振的，並平行於反射面，此時光線中電場的振動方向還是垂直於光線的前進方向，但卻優先選擇平行於反射面的方向。

偏振的程度和反射物體及入射角有關。若你朝著午後的太陽開車，路面的反射光會強烈偏振而與路面平行。此時戴偏光墨鏡會把偏振的眩光阻擋掉，只讓垂直偏振的光線進入。在微觀尺度上，這種阻擋作用表示濾鏡中的長分子是水平排列，會吸收掉水平偏振（電場亦水平振盪）的光線。因此大部分的耀眼反光都被消除了，但周圍的其他物體亮度並未減少。

漁夫可以減少水面反射的陽光，但仍看得見魚兒反射出來的光。對未偏振的入射陽光而言，其反射光主要是水平偏振光。因此進入水裡的光，必定也是被偏振過的，與其行進方向及水面垂直。一旦光從魚兒身上反射出來，將會通過漁夫所戴的偏光墨鏡，所以漁夫看得見魚，卻看不到水面的刺眼反光。如果魚的深度超過5英尺以上，上面的說明就不完全正確了，因為在這深度以上，懸浮在水裡的小顆粒會散射光，使它成為水平的偏振光（見 **5.55**）。

5.50　天空的偏振作用

偏振

為什麼來自晴空的光線會偏振呢？哪個區域的偏振最厲害？你能不能利用一副偏光墨鏡來證明自己的預測？來自雲的光線是否偏振？為什麼天空裡有些區域不偏振呢？天空裡有些區域的偏振方向和理論預測的方向垂直，為什麼？你能用偏光墨鏡找出這些垂直偏振的中和點（neutral point）或區域嗎？

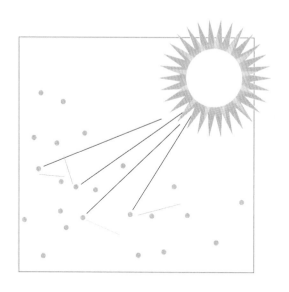

5.50

陽光被大氣中的微粒散射，其偏振和天空藍色的物理散射原
理類似（見 **5.59**）。非偏振的入射陽光，振盪了空氣分子
（氮分子、氧分子等）裡的電子，這些分子再輻射出光線。
假設太陽在地平上，散射原子就在它的正上方。由於陽光是
非偏振的，原子裡的電子可以沿著一個平面的任何方向振
盪，只要這個平面與光線前進的方向垂直就行了。你可以假
想這種振盪可分成兩類，當你看這個正上方的原子時，它的
原子要不垂直振盪，就是水平振盪。垂直振盪不會垂直地放
射出光線，因此你看不到它的貢獻，你只見到水平振盪放射
出來的光線，這種光線的偏振和電子振盪的偏振情形是相同
的：若太陽在西方，偏振就是南、北向。換句話說，由這部
分天空散射的光是偏振的。

類似的道理也可用來思考天空的其他部分和任何高度的太
陽。雲是非偏振的，因為穿過雲的陽光經過許多次的散射。
多重散射也是天空中的光線偏振圖樣出現中和點的原因。

5.51　覆霜花朵的顏色　　　　　　　　　♀偏振

在寒夜過後的清晨，觀察一下向陽玻璃窗上薄薄的一層霜花
（frost flower）。若玻璃上的霜花開始熔化，在玻璃下的窗檯
上形成一灘水，看看霜花在這灘水裡的倒影，它們會顯現出
一種特殊的彩色條紋。為什麼倒影中會有這些顏色？

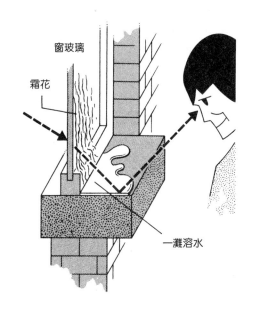

5.51

冰是雙折射（double refraction）物體，也就是說射入冰的
光線會分成兩束，分別有不同的折射率，而且彼此的偏振方
向垂直。

先不管問題如何，首先考慮冰在兩片偏振濾鏡之間。光線經
過第一個濾鏡進入冰中，分成兩束，分別以不同的速率穿過
冰（因爲兩束光的折射率不同）。當它們射出冰時，依照光
波的波長、光線走過的冰晶距離以及折射率的差異等，這兩
束光可能同相（in phase）或異相（out of phase）。而射出
光線的偏振又與這個相位差（phase difference）有關。假定
原先入射的白光中，有一束射出光是黃色的，而它的偏振正
好和第二個濾鏡的偏振方向垂直，那第二個濾鏡就會把這束
黃色光擋掉，觀察者就會看到其他顏色的可見光從濾鏡射
出。

在這個問題裡並沒有濾鏡，但天空提供了偏振光，而水灘造
成的光反射，提供了第二次的偏振選擇。

5.52 兩片偏振濾鏡間的玻璃紙 偏振

兩片偏振濾鏡的偏振方向若互相垂直，光線就無法通過。但若在它們之間夾一層乾淨的玻璃紙，光線就能穿透，而透光的程度和玻璃紙的方位有關。

如果你用包食物的塑膠保鮮膜代替玻璃紙，透過的光線會變得很少。但若把保鮮膜用力拉張，透光量又大增。保鮮膜和玻璃紙有何基本差異，才使它們的透光程度有那麼大的不同？而拉張的保鮮膜有什麼光學特性？

5.53 後窗上的光點 偏振

當你戴著偏光太陽眼鏡開車時，可能會注意到其他車的後車窗上，有一些光點排列成圖樣。這些光點是怎麼回事？為什麼一定要戴著偏光墨鏡才看得見？它們有顏色嗎？

Answer

5.52

玻璃紙可看做有兩個特別的軸。沿著其中一個軸的偏振光有某個折射率，而沿著另一軸的偏振光有另一個折射率。如果入射光的偏振方向正好介於這兩軸之間，則入射光會有效地分成兩束沿玻璃紙軸向的偏振光，因爲它們的折射率不同，就會以不同的有效速率穿透玻璃紙。在穿出玻璃紙時，這兩束偏振光並不同相，整個結果就好像入射光的偏振被玻璃紙轉了一個方向。正常情況下，兩個互相垂直的偏振濾鏡是不透光的，但中間放了玻璃紙後，經過第一片濾鏡的光，偏振方向被玻璃紙轉了一下，因此部分光線會恰巧沿著第二片濾鏡的偏振軸前進，有些光線就可以通過第二片濾鏡了。

食物的保鮮膜若不拉張，就沒有這兩個特殊的偏振軸。拉張之後，原先像義大利麵那樣纏繞起來的分子就被拉直了，並且沿著伸張方向排列，使它們產生類似偏振濾片的效果。光線電場振盪的方向若和長分子排列的方向垂直，就穿得過保鮮膜，反之，若電場的振盪和分子排列方向平行，要通過去就不容易了。

5.53

後車窗上的斑點，表示窗玻璃接合處的應力點，因此可看成像上題中拉張的保鮮膜。

5.54　糖漿的旋光性　　　♀偏振

雖然你可能常在薄餅上抹玉米糖漿，但你或許不知道糖漿有一種迷人的地方，就是它的旋光性（optical activity）。試試下面這個實驗；在兩片偏振濾鏡之間（可用兩片偏光墨鏡代替），放一杯糖漿。接著在濾鏡的一側發出一束白色光源，再從另一頭濾鏡觀察。你會看到很漂亮的彩色，這是怎麼回事？把一片濾鏡固定，轉動另一片濾鏡，找出射出光線的偏振，這個偏振現象會隨著糖漿裡的光線改變。試著改變糖漿容器的寬窄，你會發現偏振現象和光線穿過糖漿的距離有關，爲什麼？每公分糖漿使偏振旋轉多少？是順時鐘或逆時鐘轉動？爲什麼向這個方向轉動而不是反方向呢？

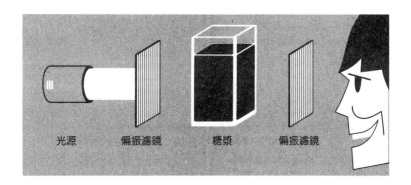

光源　　　偏振濾鏡　　　糖漿　　　偏振濾鏡

Answer

5.54

糖漿分子的結構是螺旋形,因此進入糖漿的光線,其偏振情形就順著糖漿分子旋轉。旋轉不但和糖漿的種類有關,也受光波的波長影響:穿過每單位長度的糖漿,可見光的藍色部分比紅色部分轉得更多。

透過第二片濾鏡會看到什麼顏色,端看光線穿出糖漿時,哪個顏色正好被濾鏡擋掉。例如,當光穿出某特定容器裝著的糖漿時,第二濾鏡可能正好擋住黃色光所具有的偏振,因此,第二濾鏡後面的觀察者看見的不再是白光,而是黃色之外的其他顏色可見光。

5.55　偏振光對動物的導航　⚲偏振

蜜蜂、螞蟻和很多其他生物是以天空光線的偏振（參見 **5.50**）來協助導航。牠們如何偵測光的偏振角度？又如何利用這種能力來決定方向？

5.56　神奇的太陽石　⚲偏振

雙色晶體在不同的偏振光線照射之下，會出現不同的顏色。在某種偏振光下它是清澈帶點黃色色澤，但偏振光轉了90°後，它卻變成深藍色。

據說以前的維京人在看不到太陽的時候，就是利用這種雙色晶體（菫青石，cordierite）來定出太陽的位置。至少，根據傳說，他們有神奇的「太陽石」（sun stone），當太陽在地平之下或被雲遮住時，可藉此找出太陽的位置。在高緯度地區，就算正午時分，太陽的位置也可能在地平之下，既然如此，這種太陽石對導航必定很有用。

為什麼不同的偏振光會使這種晶體呈現不同的顏色？當雲朵滿天或太陽真的在地平之下時，這種晶體真的能用來找出太陽的位置嗎？

5.55

昆蟲用來偵測光偏振作用的結構，在其眼睛裡的紫外線偵測器之中。那裡有纏繞的感桿束（rhabdom），作用很像光感受器（photoreceptor）裡用來引導光線的裝置。一些感桿束朝向某特定方向，另一些則朝另外的方向。這兩個方向的感桿束對光的偏振敏感度不同，以最敏感的偏振方向來看，兩者大概相差40°。因此兩方向的感桿束一起作用，就可以測出入射光的偏振情形。本來紫外線偵測器對光的偏振並不敏感，但在加上感桿束後，昆蟲就能以光為標準，在空中定方向了。

5.56

雙色晶體應該是有兩個偏振軸。若入射光的偏振和其中一條軸平行，晶體就是澄澈的；若入射光的偏振恰巧和另一條軸平行，晶體就呈深藍色。調整晶體的方向並觀察它的顏色，維京人就可以偵測到天空光線的偏振，再配合經驗，他們就能推測出太陽的位置，即使太陽在地平之下也行。但雲層會破壞空中光線的偏振，使晶體全無作用。

5.57　海丁格刷像　　🔎偏振

你可能不了解偏振光的原理，但絕對可以用自己的眼睛偵測它。利用一塊偏振濾鏡（例如偏光太陽眼鏡）看明亮的白光，你馬上會看到一個黃色沙漏的影像，兩邊帶有藍色的雲狀圖樣。突然轉動濾鏡平面，可讓你更容易發現沙漏影像。

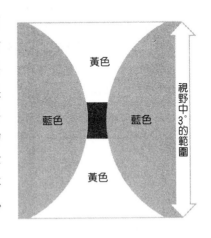

這個圖樣稱為海丁格刷像（Haidinger's brush），是直接由濾鏡產生的線偏振（linear polarization）結果，但它是怎麼回事？眼睛的哪一部分對偏振光敏感？又為什麼產生這種特別的圖樣？沙漏的方位和偏振軸之間有什麼關係？為什麼這個圖樣在幾秒鐘之後就消褪掉？而在天空裡有部分偏極光時，我甚至不用濾鏡就可以看到這個刷像。當刷像變成紅色時，會看得更清楚。

你也可以用眼睛探測圓形的偏振光，左旋圓偏振光（left-circularly polarized light）會讓黃刷子向右傾斜約45°，而反向旋轉的偏振光則會使刷子向左傾斜45°，為什麼？

5.57

沉積在眼睛後方的黃斑（macula lutea）是藍色的吸收色素，它的吸收視入射光的偏振而定。舉例來說，藍光的垂直偏振光入射後，會被水平地吸收，留下水平的黃色沙漏形狀（黃色是藍色的互補色）。

5.58　晚霞　　　♀瑞立散射 ♀繞射 ♀色散

我們都經常忽略落日時的滿天霞光，尤其是物理學家，總是以「瑞立散射」（Rayleigh scattering）輕輕帶過而不再多說。你能解釋夕陽美麗霞光的多變色彩嗎？（落日可能是火紅的，但天空可不只有紅光。）日落時，西方的天空最初是淡淡的黃色和橙色光芒。等太陽轉成火紅，西方地平上的天空顏色燦爛，由下而上，從黃、橙轉為綠、藍。最後西方天空在與地平成 25°夾角內的區域，會出現玫瑰的色彩（就是接下來會談到的一種紫色光）。

在強大的火山爆發之後，天空的晚霞會特別美麗、燦爛。為什麼會有這麼豐富的色彩？

5.59　藍天　　　♀瑞立散射 ♀繞射 ♀色散

「天空為什麼是藍色的？」這大概是最常被提出來的標準物理問題。通常物理學家總是以幾句簡單的什麼「瑞立散射」之類的話搪塞過去，其實這個問題值得稍為詳細地探究。例如，天空的哪個部分最藍？為什麼整個天空的顏色不均勻？在白天，天空的顏色真的如瑞立所預測的那樣嗎？滿月時的夜晚天空為什麼不是藍色的？什麼東西將陽光散射，造成白天時的藍天？若散射陽光的物質大很多或小很多，你認為天空還是藍的嗎？最後，為什麼火星的天空只有在地平線附近幾度之內是藍色的，再上面就是黑色的？

Answer

5.58 & 5.59

天空的顏色主要是被大氣分子所散射後的陽光波長決定的，而陽光的散射則遵守瑞立的散射模型。入射陽光的電場會震盪大氣分子中的電子，接著放射出光線，整個過程看起來就是陽光被大氣分子所散射。

波長較短的光（即可見光的藍色端）比波長較長的光（紅光端）散射偏差的角度大，因此當太陽靠近地平時，觀察者上方的天空大部分是藍色的。超過太陽90°的天空比較沒那麼藍，因為照亮它的陽光必須要走很長的路徑，藍色的成分會因此消耗掉一些。靠近太陽的地平附近的天空則是紅色或黃色的，因為照亮它的陽光也在大氣中走了很長的距離，藍色幾乎全耗盡了。

不同來源的灰塵（例如火山爆發、森林大火等）不僅會散射更多的光，除了瑞立散射模型外，還會放出另一種與波長有關的光。在強大火山爆發之後，日出與日落的景色會非常絢爛（如 **5.84** 所述，也會發生藍太陽與藍月亮）。某些落日的獨特彩霞，是結合正常的瑞立散射和灰塵散射的共同產物。

瑞立（Third Baron Rayleigh，原名 J. W. Strutt，1842 - 1919），英國物理學家，研究氣體的密度，並發現氬氣，1904 年諾貝爾物理獎得主。瑞立於1871年假設大氣中存在著遠小於波長的微粒，而找出了散射現象的規律，可以很好的解釋天空的藍色與落日的紅色。

5.60　微弱的紫光

♀瑞立散射 ♀繞射 ♀色散

太陽沈下地平後，在西邊的天空爲什麼會出現紫光（或許說是粉紅色還貼切些）？它最亮的時候是在太陽沒入後的 15 到 40 分鐘間。

在第一次的紫光消失後，有時會再出現「第二次」紫光，它在落日之後可維持長達 2 小時，而它和第一次紫光的物理原理相同嗎？落日後 1 小時左右的光景，太陽如何繼續照亮天空？

5.61　天頂的藍色加強光

♀瑞立散射 ♀繞射 ♀色散

你是否曾注意到，天頂（zenith，觀測者正上方的天空）在落日時轉成深藍色（**5.60**圖）？這不是很奇怪嗎？落日本身是紅色的，你不認爲天頂也應該是紅色的嗎？

───── Answer ─────

5.60

紫色光是由於大氣層中的灰塵造成的，高度約在 20 公里左右。一些陽光通過灰塵層後，由它的下方射出來，但因爲這層籠罩地球的灰塵是曲面的，這些陽光可能會再度進入這層灰塵裡。當陽光第一次通過灰塵時，短波長的光（藍和綠）已經被散射掉了，因此再次進入灰塵的只剩紅色光。這些紅色光部分會被灰塵散射而到達觀察者眼中。除此之外，觀察者同時也會看到被大氣分子散射到天空的藍色光（就是 5.59 談到的藍光），來自灰塵的紅光和天空的藍光一起入射到觀察者眼裡，就變成紫色光了。第二波紫色光可能也是另外一層灰塵造成的，它的高度大約是在 70 至 90 公里高空。

5.61

天頂附近特別藍有些令人訝異。依照 **5.59** 的瑞立散射，天頂附近應該是藍綠色，然後日落時爲黃色。然而，瑞立散射模型中所忽略的，是臭氧對可見光譜中紅光的吸收。當紅光部分被移除之後，剩下的藍光就顯得特別藍了。當太陽的位置在地平下 6°時，而陽光直接從觀察者正上方散射下來時，它的幾何位置最有利於這種藍光的增強。大氣中的灰塵更有助於藍光，因爲它比較會吸收紅、黃光線（見 **5.84**）。

5.62　金星帶　　　　　♀瑞立散射 ♀繞射 ♀色散

什麼原因使地球的影子邊緣有一條玫瑰色的環帶（金星帶，belt of Venus）？當地球的影子出現在東方天空時（參見 **5.60**圖）。

5.63　綠色街燈與紅色聖誕樹　　♀瑞立散射 ♀繞射 ♀色散

當你乘的飛機飛進城市的上空時，會注意到下面許多街燈看起來是綠色的，但當你開車經過這些街道，卻發現街燈根本就是白色。爲什麼這兩種情況見到的街燈顏色不同？同樣的，當你由遠處看一株聖誕樹時，會發現它是紅色的，但事實上樹上有各種不同顏色的燈泡，爲什麼？

5.64　白晝天空的亮度　　　♀瑞立散射 ♀繞射 ♀色散

爲什麼白天的天空很亮？你能大略計算一下它有多亮嗎？

Answer

5.62

照亮地球陰影附近天空的陽光大部分是長波長的光線，那些波長較短的光（藍和綠）已被移除了（見 **5.58**）。

5.63

一些半徑小於0.2微米的微小物質（來自工業污染或煙霧），把陽光中的藍光散射掉，使到達遠方觀察者的眼中的光缺少藍色。

5.64

天空明亮是因為陽光被空氣分子散射。但這裡面有個問題。對每個散射陽光到觀察者眼中的空氣分子而言，平均來說，就有另一個分子相距半個波長，落在觀察者的視線上，這兩個分子散射達到觀察者的光波相位正好相反而互相抵消。既然上述情況對天空的任何部分都成立，除了直接照射觀察者的陽光，以及來自恆星與行星的光之外，天空應該完全是黑的。但上面這個說法有個小瑕疵。雖然空氣分子可以這樣平均的分成對，但它們會擾動，而不是持續地互相抵消。如果沒有空氣分子的擾動，天空應該是黑的。

5.65　滑雪的黃色眼鏡　　　　🔍視覺

滑雪者戴黃色太陽眼鏡大半是為了流行，但也有人聲稱這種眼鏡在視線不清的日子裡，對他們的視力有幫助，或許是讓滑雪者更能分辨路上的顛簸處。這種說法一定有原因的，因為著名的極地探險家斯蒂芬森（Vilhjalmur Stefansson）就曾建議，在雪地或冰原上旅行時，最好戴琥珀色眼鏡。黃色眼鏡能有什麼幫助？比方說，在視線模糊的日子裡，陽光在雪地上的反射是以黃色為主嗎？

5.66　透過長管子看星星　　　　🔍視覺

從亞里斯多德的時代起，人們就相信，透過一根長長的空心管，像煙囪之類的，能在白天也看得到星星。長管子可以減低被看到的天空的總亮度，因此在管子頂端的一小塊天空裡，我們或能看到星星。而你對部分黑暗的適應力（由於看到的天光較少）或許也有助於星星的辨識。你相信利用這個方法真的能在白天看到星星嗎？你能用計算證實自己的想法，或親自實驗一下嗎？

Answer

5.65

關於這個效應，目前似乎沒有任何公開的文獻。如果迷霧是由很小的粒子組成，比如說半徑小於0.2微米，那黃色鏡片顯然有利。這種小微粒散射短波長（藍）的光比散射長波長（紅）的光厲害。因此，紅、黃光束比藍、綠光束更能直接照亮地面，因為後者被迷霧嚴重散射，而瀰漫於空中。消除藍光和綠光之後，觀察者在視野裡應該更能看清物體的陰影。

5.66

透過空心長管子，不但不會更容易看到星星，反而更困難。雖然大部分天空的光亮被遮住了，但星星四周的亮度還是和原本一樣，而管子本身當然也不可能讓星星更亮。實驗工作是觀察一小塊照亮的試驗區，其周圍都是黑色。實驗結果顯示，在一開始辨識光亮區時，若周圍亮度逐漸加強，光亮區的辨識底限就逐漸降低。因此，用空心管看星星是難上加難，因為當周圍的天光都被遮掉時，星星的能見底限反而增加。

5.67　湖泊與海洋的顏色　　⚲反射 ⚲吸收 ⚲散射

明亮、乾淨的高山湖泊是什麼顏色？晴天或陰天對它的顏色有影響嗎？湖底的物質和湖水的深度對顏色影響多大？為什麼其他湖泊的顏色不同？海洋在近岸和深海是什麼顏色？你看到的海浪是什麼顏色？

當你儘可能深潛到海裡，水平伸出一隻手，你會看到手上面和下面的顏色不同，怎麼會這樣？

5.68　陰天的顏色　　⚲吸收 ⚲散射 ⚲傳遞

如果你住過鄉間，可能會注意到陰天的天空顏色會隨季節而改變。有人就覺得，夏天時的陰天天空比冬天更綠。我可以猜測天空的顏色為什麼有這種變化，顯然夏天草木茂盛嘛，但真的是這樣嗎？天空的顏色真的有改變嗎？

5.67

如果水很純淨，又很深，它表面會反射藍色的天空而呈藍
色。若是淺水域，則會反射水底的顏色使水看起來比較綠。
污染物會增加水中的色彩，它會選擇性地吸收色光，如果水
中有微米大小的懸浮顆粒的話，則會散射光線，後者效應與
5.87 及 **5.88** 所談的散射類似。

5.68

綠色澤是綠色植物的反射添加上去的。類似的色光上湧，使
陰暗的天空增加顏色而形成天空（亮度）圖（sky map），參
見 **5.71**。

5.69　看見月亮的黑暗部分　　　　♀吸收 ♀散射 ♀傳遞

當太陽剛下山而天空出現一彎新月的時候，可以看見月亮的「黑暗」部分，為什麼？

5.70　白雲　　　　　　　　　　♀吸收 ♀散射 ♀傳遞

為什麼雲大多是白色的？它們為什麼不像天空一樣是藍色？為什麼雷雨雲顏色那麼深呢？

5.71　天空中的地圖　　　♀吸收 ♀散射 ♀傳遞

在北方極地的冰原裡，有時在天上白雲的底部，會出現附近區域的地圖影像。這種影像稱為「冰映光」（ice blink）或「雲圖」（cloud map），讓滑皮舟或駕雪橇的愛斯基摩人可以選擇前進的路線。

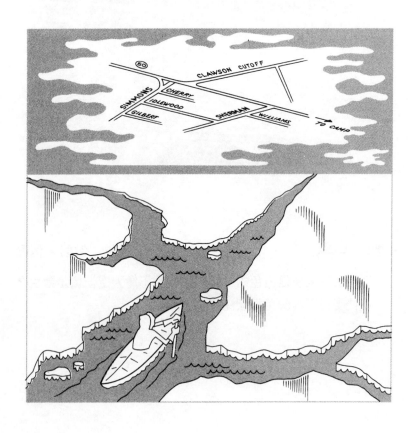

「在接近冰原或很多冰雪堆積的地區時，若地平上沒有雲，則天上的雲底會出現『冰映光』的現象，有時即使雲層很厚也會看到。冰映光是地上的冰圖像反射在雲上，出現不同程度的白色影像，直達地平附近。在最有利的條件下，這種雲圖把二、三十英里外的地形都呈現出來，而這些地區原本完全在視線之外。不過若大氣密度較大，範圍就會縮小。在有經驗的觀察者眼中，冰映光不但可以看出冰的形態，還可用來分辨冰原或堆冰；若是堆冰，更能區分它是緊密或鬆散、是海灣冰或厚冰。冰原的影像最明亮，有點淡黃色；堆冰則較純白；海灣冰則帶些灰。白雪覆蓋的陸地，也會出現冰映光，它的顏色比冰原更黃。」

——摘自斯科斯比（W. A. Scoresby）之
北極地區報告〈An Account of the Arctic Region〉

你能解釋這種雲圖嗎？

Answer

5.69

月亮「黑暗」部分（就是月亮在太陽陰影的部分）的光亮來自地光（earthshine），就是地球表面與大氣圈反射的陽光。

5.70

比可見光波長小很多的物體散射光線，均遵守 **5.59** 所提的瑞立散射模型。雲中的水滴通常比較大，只會由表面反射陽光，這種反射並沒有色光分離作用，因此射出的光還是白色的（**5.72** 中有個例外）。很厚的雲之所以是黑色的，是因爲很少有光線能穿透它，這些光不是被水分子吸收掉，就是向上反射。

5.71

這種雲上地圖是由於冰和水面對陽光選擇性的反射，然後再由雲層反射所致。固結的冰對直射陽光的反射比水面多，而既然兩者的反射效果都很好，便可以在雲底看見反射光。

5.72　貝母雲

⚲吸收　⚲散射　⚲傳遞

雲並非全是黑色或白色，貝母雲（mother-of-pearl cloud 或 nacreous cloud）就有非常美麗、細緻的色彩。雖然它很罕見，只出現在高緯度地區的日落過後，但它有時非常明亮，甚至可以把地上的雪映出彩色。

這種雲有什麼特別，能表現出這麼漂亮的色彩？它是來自偶然的顆粒大小嗎？為什麼這種雲只出現在高緯度區，約20至30公里的高空中？

5.73　楊氏塵鏡

⚲干涉

用一個小燈照在一面有灰塵的鏡子上，然後觀察小燈在鏡裡的影像，會發現它有一些清晰的彩色紋路。很乾淨的鏡子就沒有這些紋路，你一定也有一個沾上些灰塵的鏡子吧！每種顏色有多少條紋路？最重要的問題是，為什麼鏡子必須有灰塵或有點髒？

Answer

5.72

貝母雲是由很小的水滴（半徑0.1至3.0微米）組成的，這樣的半徑接近或稍微比可見光的波長大一些。這種水滴對光線的散射並不符合 **5.59** 所提的瑞立散射模型，而是遵守米氏散射（Mie scattering，球形介電質所造成的散射）模型，被較小的水滴散射，或是被較大的水滴做簡單的反射。這些水滴周圍光線的繞射，不但和水滴的半徑有關，也和入射光的波長有關，所以才會造成雲彩的美麗顏色。貝母雲在落日後可維持兩小時之久，是因為它的高度很高，當地上的觀察者覺得四周已經暗下來時，它卻仍然受到陽光的照射。

5.73

這種干涉紋路是由鏡面上的灰塵微粒散射光線造成的。假設有兩條光線，一條在射入鏡子之前先被鏡面上的灰塵粒子散射，再正常地反射。另一條光線先正常地被鏡子反射，離開鏡面時再被同一顆微粒散射。既然這兩條路線有些微差異，若同時觀察，它們就會有許多種可能的相位差，視射線的角度與波長而定。因此在觀察者眼裡，灰塵鏡面閃爍的光線會產生干涉圖樣，至於顏色的分離，乃不同波長的色光因干涉光線的相位差所造成的。

5.74　被雲散射的陽光

🔑吸收 🔑傳遞 🔑散射

為什麼水分子在還是蒸氣時散射的陽光很少，但凝結成雲之後才大量散射呢？原子總數不是相同嗎？應該散射等量的陽光才對呀！

5.75　探照燈光束

🔑照明 🔑散射 🔑強度

探照燈在第二次世界大戰期間，常用來搜索在夜間突擊的敵機，現在則降級用在超級商場開幕時，吸引人潮的噱頭。為什麼這種探照燈的光束會突然消失不見？它不是應該慢慢地變淡掉嗎？

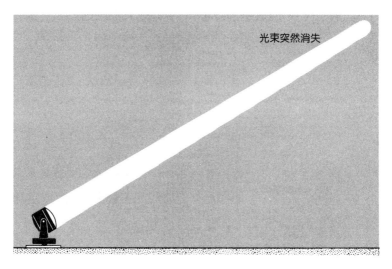

光束突然消失

5.74

日光由水分子散射，和由其他大氣中的分子散射一樣，因此個別水分子對天空的亮度也有貢獻（見 **5.58**）。但由水滴散射的光線量，比由相同數目水分子個別散射的總量還多，因爲水滴中水分子間的距離很緊密，大約是光波波長的1/1000。想想兩個這種相鄰的水分子，當陽光振盪它們的電子時，這些振盪是同相的，因爲它們基本上是在入射日光的同一部分。這些電子射出來的電場也是同相的，互相加成之下，使它比單一原子的電場強度加倍。而射出光線的強度和電場振幅的平方成正比，因此散射光會是單一原子散射強度的四倍。如果這兩個原子分得很開（比光波的波長大得多），就沒有相長干涉（constructive intetference），而散射光的強度只是個別原子的總和，也就是說僅有兩倍。雲很亮是因爲水滴中的水分子緊靠在一起，產生相長干涉。

5.75

光柱變暗不只是因爲光束散開的關係，也因爲光束被大氣散射而衰減所致。（如果沒有散射，光束會看不見。）光束的強度呈指數衰減，因此會突然消失。

5.76　黃道光及反暉　　　♀照明 ♀散射 ♀強度

下次當你有機會在無月亮的晚上且遠離任何城市的光害時，試著找尋黃道光（zodiacal light）及反暉（gegenschein，又名黃道反暉）。黃道光看起來像一個牛奶色的三角形，發生於日落後幾小時的西方天空，或日出前的東方天空。這個三角形幾乎和銀河（Milky Way）一樣亮，並沿著黃道面面對東方。至於空中在反日點的位置有很淡很淡的光，則稱為反暉。夜空中這些光線是怎麼來的？

📖 所謂黃道面（plane of the ecliptic，或簡稱ecliptic）是地球繞日軌道所在的平面，而反日點（antisolar point）是地球另一側、正背對太陽的那一點。

5.77　城市霾的顏色　　　　　　♀反射

如果你曾住在大城市裡，一定有過被霾（haze）包圍的經驗。為什麼這種霾是褐色的？它是由於某種選擇性的光線吸收嗎？如果是，那光線被什麼吸收？或者它是因為光線的色散散射？那可能是由於霾裡某種你看得到的東西所致？

Answer

5.76

黃道光和反暉都是陽光被星際間的灰塵散射造成的，而這些星際塵埃可能來自小行星帶（asteroid belt）。產生黃道光的灰塵是在地球繞日軌道之內，只有在上述的特別情況下才看得到。反暉則是地球軌道外的灰塵被陽光後向散射（back scatter）的結果。

5.77

棕色主要是霾中的二氧化氮對不同波長的光做選擇性吸收的結果。

「凡事有得必有失，昨天空氣看起來不行，但聞起來還不錯！」

5.78　擋風玻璃上的光痕　反射

下雨的晚上在街上開車時，車外的光會在你的前擋風玻璃上留下光痕。每條光痕顯然都是由其光源出發，而且光源愈小（如路燈），光痕愈清晰。你移動，光痕也跟著移動。若你走出車外，或由其它的車窗看出去，並沒有這種光痕。這些光痕是怎麼來的？如果不下雨，還常見到這種光痕嗎？

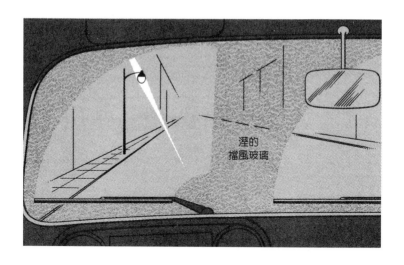

Answer

5.78

汽車擋風玻璃上的雨刷，會在擋風玻璃上留下因摩擦塵埃產生的圓形凹槽，它會將光反射到駕駛眼中。當入射光和圓形凹槽的切線垂直時，反射光最亮。這些較亮反射光的集合，會沿著雨刷移動軌跡的半徑方向產生光痕。

5.79 光輪 ♀反射

如果你背對著太陽站在山頂上，仔細看著下面的濃霧，則你頭部的影子四周可能會有幾圈彩色的光環。這些彩色光環稱為光輪（glory，又名反日華，anticorona 或 broken bow），有時甚至可能是完整的圓圈。當你發現這種聖徒象徵的美麗光輪只出現在你頭部的影子上，而別人並沒有時，可能會覺得是神賜予你的。眞的是神旨的選擇嗎？

在飛機上更容易看見這種光輪。下次搭飛機時，坐在遠離太陽的那一側，觀察飛機下方雲朵或霧靄上的影子，在飛機影子的周圍會出現光輪。我曾經同時看到三組完整的光譜，但還有人同時看到過五組，並且拍了照片。

爲什麼會有光輪？爲什麼只在頭部的影子周圍產生？每個光輪的顏色序列是什麼？霧裡的顆粒大小對光環有什麼影響？

5.80 日冕 ♀反射

爲什麼太陽和月亮的周圍有時候會出現明亮的光環，譬如說日冕（corona）或月華（lunar corona）？通常這有白色的光環，但偶爾在白環之外，也會出現藍、綠與紅色的光環。如果運氣夠好，你甚至可以看到兩組這種光譜。是什麼產生這種明亮的光環？爲什麼偶爾才能見到個別的色彩？光環的寬度如何決定？你能預測光環的顏色排列嗎？

Answer

5.79

頭部的光輪是小微粒將光往光源後向散射形成的，微粒的半徑接近或比可見光的波長稍大一些。這種散射對小粒子來說，比較符合米氏散射理論，而不太遵守瑞立散射模型（如 **5.59** 所述）；對較大粒子來說，用正常的反射與折射來解釋即可。射回光源方向的光，從水滴的一邊進入，再從另一邊射出來，歷經過水滴內部的反射，以及由水滴表面掠過。這種掠過，可用表面波來說明，並非彩虹形成時所用的標準幾何光學原理（見 **5.32**）。不同顏色的入射光的返回角度稍有差異，因而產生不同顏色的光輪。因為不同圖樣所牽涉的角度和水滴的大小有關，若雲中水滴大小的分布範圍很廣，頭部影子上光輪的顏色就會消失。

5.80

日暈和月華是光線通過視線裡的小水滴，所形成的繞射圖樣。光線繞射作用可用米氏原理來說明（**5.79**），但也約略可用傳統的、光線繞射小球的原理來說明（見 **5.96**、**5.97**）。依後者的解釋，光線通過水滴的另一面，和通過這面的光線互相干涉，產生明暗相間的繞射圖樣，對應於相長與相消干涉。明、暗紋的角方位與水滴大小和光的波長有關。若水滴大小一致，則可以分辨不同顏色的光環，波長較長的（紅色）在外圈，而波長較短的在內圈。

5.81 覆霜玻璃的光圈 ⚲反射

寒冷冬日的夜晚,當你經過街上的商店時,不妨由覆霜的玻璃櫥窗外看進去,你會發現店裡的燈都包圍著一圈明亮的光環。首先你會認為,它和日暈或月華類似。但商店內燈光的外的光環是暗的,不像前面討論的那種白色光環。怎麼會有這種差別?再來,是什麼原因形成這種光環?

5.82 畢旭光環 ⚲反射

另外有一種不同的光環(同時也大得多,大約大15°的角半徑),是白色和紅褐色的畢旭光環(Bishop's Ring),乃因火山灰進入大氣´產生的。(一些火山爆發之後,黯淡的太陽轉變成漂亮的金黃色,而微亮的天空,顏色則變成非常豐富,甚至還有機會看到第二次的紫色光(參見 **5.60**),它在落日後可維持數小時之久。)若真有這種紅褐色光環出現,是導因於何種大小的顆粒?若顆粒的尺寸差異很大,會有這種畢旭光環嗎?

Answer

5.81

覆霜玻璃形成的光環也是導因於光線的散射，和上題類似，但稍有不同。上題的水滴是在空中隨機分布，但這裡的水滴分布相當平均，就是薄薄地平舖著一層，在玻璃上。

5.82

畢旭光環是小顆粒物質的光波繞射圖樣。這些微粒通常來自火山爆發，火山灰會在沉降的過程中自動淘選，使大小均勻的顆粒懸浮在空中。這些微粒的半徑接近可見光的波長，因此若要計算它們繞射圖樣的強度，必須使用米氏散射理論，就像 **5.79** 所叙述的。

5.83　街燈光環

當你晚上在街上散步時，可能會碰見路燈周圍的彩色光環。它和日冕、月華或商店內燈光旁的光環，有相同的物理意義嗎？有個很簡單的試驗，可以看出它們至少有一點兒不同。若你把街燈、商店裡的燈或太陽、月亮遮住，這三種光環還存在嗎？若有任何一個消失掉，那你應該能說明它和其他光環有何不同。

5.84　藍月亮

我祖母住在德州的阿利多（Aledo），當地只有100個居民、一些家犬及鷄。根據她的說法，阿利多碰到過一次藍月亮，而且只有一次，大家都很興奮。藍色月亮要多久才會發生？事實上，月亮爲什麼會變藍？會不會也有藍太陽？太陽或月亮能變綠嗎？

5.83

就算夜空非常清朗，還是能夠看見路燈周圍的光環。和前兩個例子類似，這種光環也是光波被微小物體繞射的結果，而微粒的半徑約等於可見光的波長。但和它們不同的是，產生繞射的物體是在我們的眼睛裡。導致這種眼內暈（entoptic halo）的物質，或許是晶狀體裡的輻射狀纖維，或者是角膜表面上的黏液微粒。**5.96** 談到的也是類似的眼內繞射圖樣。

5.84

相對於 **5.59** 的瑞立散射，藍月亮是由於大氣中氣懸體（aerosol）對光線的散射，這種氣懸體的半徑由0.4至0.9微米（包含可見光的波長範圍）不等。這種範圍大小的粒子對長波長可見光（紅色端）的散射，比短波長（藍色端）的散射更厲害。因此本來是白色的月亮，在透過氣懸體後，紅色部分的光被散射掉，只剩藍色部分到達觀察者眼中，就成了藍月亮。這種氣懸體有時是火山噴發或森林大火造成的。微粒的尺寸範圍會在大氣中沉降時自動篩選，或由一些更小的粒子凝結在一起，使符合氣懸體的範圍。

5.85　黃色霧燈　　　　　　　　　　　⚲反射

爲什麼汽車的霧燈是黃色的？黃色的燈眞的比較好嗎？它和你在市區開車或在鄉間開車有關係嗎？

5.86　朦朧的藍　　　　　　　　　　　⚲反射

在一些沒有人工污染而草木盛美的地區，常會出現神祕、朦朧的色彩。例如美國田納西州的藍嶺（Blue Ridge Mountains）與澳洲著名的藍山（Blue Mountains），都呈現朦朧的藍色。爲什麼有這種朦朧？是煙嗎？不可能，因爲上述地區都是人煙罕至的地帶。是隨風飄來的灰塵嗎？也不太像，因爲在風很小的時候，藍色特別深。而它們也不會是霧，因爲在溫暖的夏日，藍色最常出現。那麼到底是什麼東西造成這種朦朧？又爲什麼是藍色？

Answer

5.85

除了少數的研究之外，黃色霧燈的價值並不清楚。如果粒子的半徑小於 0.2 微米，可見光譜中的藍光散射就比紅光厲害。黃光的波長比藍、綠光長，因此更能穿透霧氣。但若霧氣的顆粒是 **5.84** 所描述的氣懸體範圍，結果正好相反。甚至在真實霧裡的更大粒子，對黃色光來說便沒什麼優勢了。這樣的結論還有個問題，就是光線的吸收和懸浮粒子的種類有很大的關係。

5.86

藍色是源自於光被非常小的粒子散射，這些粒子比可見光的波長還小，是由植物釋放出來的一種帖烯類（terpenes）巨分子，也可能是由植物尖端（如葉緣）放出來的，那裡的電場較強（見 **6.33**），可能發生刷形放電（brush discharge，見 **6.46**）。這種散射可用瑞立散射來說明（**5.59**），其中直射陽光裡的藍光比其他色光散射得更厲害。若散射粒子的大小較接近光波的波長，則必須利用米氏散射理論才能預測散射光確實的顏色及強度。

5.87　泥水裡的倒影　　　　　　　　♀反射

爲什麼你在清水裡看不見自己的倒影，反而在有些泥的水裡看得見？而只有非常混濁的泥水坑，你才可能見到別人的倒影，爲什麼？

你或許也注意到，清泥水坑裡的倒影周圍有些色彩，而靠近你的倒影邊緣和遠離你的邊緣顏色不同。爲什麼有這些色彩？你面對或背對太陽，會影響倒影邊緣的顏色嗎？

5.88　水裡牛奶的顏色　　　　　　　♀反射

滴幾滴牛奶到一杯清水裡，然後隔著玻璃杯觀察一個白色的光源，例如燈泡。白色光源會出現紅色或淡橙色。然後，觀察由玻璃杯反射的光線，它會是藍色的。爲什麼顏色有這麼顯著的變化？

5.87

為了在淺水中看見自己的倒影，你必須能分辨出由水面反射的光線。若水很清澈，大部分的反射光都是水底的反射，相較之下，水面反射的光線很微弱。若水很混濁，底部的反射光會部分或全部被消除，你就分辨得出水面的光亮和黑暗區域。要想看清楚別人的倒影，水底的反射光必須更進一步地消除掉。

倒影邊緣的色彩是光線被水中的懸浮微粒散射造成的。它們就類似 **5.59** 中所說的大氣微粒，或 **5.88** ~ **5.90** 提到的其他微粒，會散射短波長（藍）的光。試著看看靠近自己倒影的影子，較近的邊緣是藍色的，乃因粒子散射的光在黑色的倒影背景裡容易分辨，而較遠的倒影邊緣是紅色的，因為藍色在散射時被排除掉了。

5.88

參見 **5.90** 之解答。

5.89　香菸的煙

如果你仔細觀察直接由香菸頭升起來的煙，會發現它是淡藍色的，但由抽菸的人嘴裡呼出來的煙卻是白色的。為什麼顏色有這種變化（並不是因為香菸中的煙焦油和尼古丁被排除之故）？

5.90　營火的煙色

營火的煙也有類似的顏色變化。當煙在很黑的背景（如樹）襯托下，看起來有點藍，等上升到較亮的夜空時，卻呈現黃色。煙的顏色為什麼會變？

Answer

5.88 ~ 5.90

在這些例子裡，光線都是被非常小的顆粒物質所散射的。就像討論天空爲何是藍色一樣（**5.59**），粒子大小比光的波長小時，散射情況就可以用瑞立散射理論來說明。在這些例子當中，藍光散射得比紅光厲害，因此，懸在水裡的牛奶滴或飄在空中的煙，若由光源的方向或側面看過去，會是藍色的，但若逆著光源看它，就呈紅色或黃色。（在營火的例子裡，起初我們之所以看到煙，是因爲天光是由觀察者的背後照過來的，而後來的光源則是由對面的天空而來。）

若顆粒大小接近可見光的波長或更大些，就要用米氏散射理論來解釋（米氏原理用於 **5.72** 的後向散射）。當煙吸進嘴裡之後，會在嘴裡凝結成較大的液滴，使它的半徑增加到和可見光的波長匹配，因此黃光的散射較佔優勢，取代了藍光。

5.91　油漬與肥皂膜的顏色　　　🔍反射

爲什麼路面上的油漬是彩色的？這些油漬有多厚？而路面一定要溼溼的嗎？你會在陰天還是日光直照時才看到這些彩色？如果你能計算其中一個彩色環的寬度，就和你實際量到的寬度比比看。若太陽的大小在有限的情況下改變了，色環的寬度在理論上會有影響嗎？

肥皂膜上爲什麼有色彩？它的厚度是多少？肥皂膜的厚度在哪個範圍之內，會使它看起來有色彩？又爲什麼是這個範圍？爲什麼有些皂膜的某些部分是黑的？最後，爲什麼皂膜上的彩色區與黑色區界線分明？它們不是應該逐漸改變嗎？

5.92　游泳後的彩色效應　　　🔍反射

爲什麼剛游泳後的你，看到的燈光都圍有彩色的光環？

Answer

5.91

肥皂泡和油膜的色彩是由於薄膜干涉的結果，和 **5.94** 描述的藍大閃蝶翅膀上的藍光道理相同。簡單地說，由膜第一層表面所反射的光，和第二層表面反射的光互相干涉。至於干涉是相長或相消，則受許多因素的影響：如光的波長、膜的折射率、光線在膜中走的路線長度等。

如果膜的厚度約小於四分之一光波長，而膜的兩側都是空氣，比方一個直立鐵環上的肥皂泡，就會產生相消干涉，此時肥皂膜看起來是黑色的，不論由膜的哪一側看去。若逐漸增加膜的厚度，則干涉作用會產生較長波長的光，這是因為光線在反射時，經過相長干涉的結果。

若讓肥皂薄膜保持直立，並且用白光去照它，薄膜的上面部分可能會薄到呈現黑色。至於下面的部分則因相長干涉，出現彩色的帶狀區塊，但神秘的是，在貼近黑色區域的下方，有一白色長條帶。那地方的皂膜厚度，可能正好讓全部的可見光都發生部分相長干涉，因此讓觀察者看到白光的反射。

5.92

這些光環的來源很可能和 **5.83** 討論的眼內暈類似，由眼球表面的黏液顆粒或小水滴造成的。

5.93　液晶　　　　　　折射　色散　晶體結構　應力

如果在一個可變形容器裡裝液態晶體（liquid crystal，簡稱液晶），然後壓擠容器，在壓擠區域的周圍會出現彩色，但你會看到什麼顏色則和你的視線角度有關。為什麼視線角度和看到的顏色有關？這種彩色的排列順序和油漬的色彩比起來如何呢？若有不同，你能解釋嗎？

5.94　蝴蝶的色彩　　　折射　色散　晶體結構　應力

為什麼蝴蝶的翅膀是彩色的？這些彩色是來自翅膀上的色素嗎？有些蝴蝶當然是的，有些則不是，例如一種大閃蝶（Morpho butterfly），翅膀上的彩色就和色素無關。你可以從不同的角度觀察這種蝴蝶的翅膀，會發現它的顏色不太一樣，為什麼？

5.93

液晶是一種介於液體與固體之間的獨特物質。依照分子排列方式可分為三種基本型態（見右頁圖）：脂狀型（smectic）液晶的分子的排列方向相同，並一層層平行地組合在一起。絲狀型（nematic）的分子大致向單一方向排列，但並不結合成層。

第三種型式是螺狀型（cholesteric）結構，就是市面上看到有顏色的發光液晶玩具的材料。這種型態的液晶不但分子排列成層平行，每層分子的排列方向也互相平行（但各層之間方向卻不同）。若用一個向量來代表每一層的分子排列方向，則由上往下，這向量會像螺旋狀似地旋轉，因此螺旋路徑的螺距就決定了被螺狀液晶強烈反射的光線波長，而其他波長的光就只是單純地通過晶體。對晶體施壓（譬如玩具被裝在可變形的塑膠容器裡），或改變晶體的溫度，就影響了螺旋的螺距，也改變了晶體選擇性反射光線的顏色。

Answer

(a)

(b)

(c)
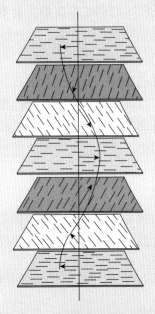

液晶的三種形態：　(a)脂狀型液晶的兩種結構；
(b)絲狀型液晶結構；　(c)螺狀型液晶結構。

5.94

這種大閃蝶的翅膀上，有些薄且平行的平台結構，以及與這個結構垂直的突出支撐物，因為這些結構對光線的薄膜干涉作用，使大閃蝶的翅膀看起來藍藍的。當白光射入這種薄平台結構時，部分被反射（稱為射線A），部分穿透進去。穿透的光線中，又有部分（稱為射線B）被底部平面反射，出來和A會合。射線A與B會互相干涉，至於干涉形態是相長或相消，則視它們的相位差而定。而相位差又受很多因素影響，如：光的波長、結構的厚度與折射率、入射光與出射光的角度等。

對垂直射入結構的光線，藍光的對應波長會使射線A和B同相，產生相長干涉。而白光中的其他色光波長，則會使射線A和B發生或多或少的相消干涉，因此對觀察者而言就不顯眼。在觀察者眼中，這種藍大閃蝶的翅膀就是藍色的。

若觀察者轉換視角，或入射光的角度變了，則光線進入結構物的路徑長度也跟著改變，此時A和B之間的相位差也會不同。結果，產生最大相長干涉的波長就改變了，觀察者會看到不同色調混合的藍光。

5.95 叉子裡的黑線

繞射

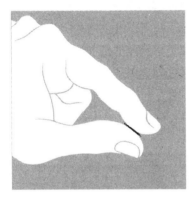

如果你把食指與姆指像左圖那樣靠得很近，幾乎接觸在一起，可能會發現兩指當中有一條黑線。轉動一只叉子，你可以在叉齒間看到很多這樣的黑線。為什麼會產生這種黑線？對一只轉動的叉子來說，你能預估黑線之間的間隔將會加寬或縮小嗎？

5.96 眼裡漂浮物

繞射

為什麼在我們的視野裡，常會有一些微小的擴散光點？這是幻覺嗎？還是眼球上有小灰塵？或者是眼球裡的東西？在一個不透明的物體上鑽個針孔，透過針孔觀察一個明亮的光源，你會看到一些彩色的同心圓和彩色鍊狀物在眼前漂浮。如果前面提到的光點只是某種東西的影子，那麼現在這些同心圓和鍊子又怎麼說？另外，為什麼針孔可以協助你看清光點的結構？

5.95

手指間的黑線是光線經過手指之間的空隙時,繞射產生的黑色條紋。通過空隙某部分的光,比方靠近你手指的地方,以及通過空隙不同位置的光,像是離手指稍遠的地方,兩者產生相消干涉,觀察者就會看到一條黑線。

5.96

眼睛裡漂浮的光點是光線通過球形血球的繞射圖樣,而這些血液細胞此時正好流過視網膜中央窩(fovea)前面。〔中央窩是很多視錐(cone)聚在一起的一處小凹陷,正好在眼球開口的正後方。〕血球細胞會因老化或頭部被用力毆打而散離,當它們在視網膜前方的水體部分漂浮時,滲透壓會使血球脹成球體。

5.97 帕松點

 繞射

為什麼一個小圓盤或圓球（直徑在 2 公釐左右）的陰影中央，會有個亮點，而大型物體的影子則是普通的黑影？若用卡紙做一根管子及一個銀幕，你會注意到小盤或小球的影子不僅只是在中央有個亮點，事實上它們的影子是由一些明、暗相間的環構成。為什麼有中央這個亮點，就是俗稱的帕松點（Poisson spot）？而環又是為何形成的？你自己的影子怎麼不會這樣？

光源　　　　管子　　　　小球　　　　銀幕　　銀幕上的圖樣

📖 十九世紀時，夫瑞奈（A. Fresnel, 1788 - 1827，法國物理學家）在委員會裡為自己的論文辯護時，委員之一的帕松（S. D. Poisson, 1781 - 1840，法國數學物理學家）指出，若論文是正確的，則球形物體的影子中央就會有個亮點，這簡直太荒謬了，因此他認為夫瑞奈的論文一定是錯的。但事實上，之前 50 多年就已發現過這種亮點，且在帕松提出結論後不久，阿拉戈（D. F. J. Arago, 1786 - 1853，英國物理學家和天文學家）又再度發現影子中央的亮點。雖然這個點的發現過程是如此，但最後居然以反對者來命名，這是物理學史上的一椿離奇事件。

5.97

圖中顯示的干涉環是光線通過球形物體產生的繞射圖像。通過圓球一側的光線和通過另一側的光線互相干涉，在遠方的銀幕上出現了明暗相間的環。對中心點的位置來說，來自兩側的光線距離相同，因此光線到達中心點時是同相的，會發生相長干涉。

5.98　星星的光芒　　　　　　　⚲繞射

為什麼車燈偶然會出現尖尖的光芒？這件事不純然是心理因素，因為車燈的照片中也顯示過這種光芒。同樣的，相片中的星星也會出現尖尖的光芒，又是為什麼？你能數得出在照片中的車燈和星星有多少個尖尖光芒嗎？特別是，你能找到有奇數個尖尖光芒的星星嗎？

5.99　日食蔭帶　　　　⚲折射 ⚲干涉 ⚲亂流胞

在日全食之前與之後幾分鐘，會有一種稱為蔭帶（shadow band）的黑色條帶飛掠過大地。蔭帶的間距約數公分，寬度約兩公分。這些蔭帶是怎麼來的？為什麼會在日食的時候出現？它們是在大氣圈中產生的嗎？還是日光通過月球時產生的效應？

Answer

5.98

如果相片的曝光正常，則可能照到星星的光芒，因為星光會閃爍（見 **5.102**）。另外，星光被相機光圈的直線邊緣部分繞射，也可能在相片中出現光芒。光圈並不是完美的圓形，而是有很多直線邊緣組合構成的，也因此光圈的寬度可以調整。人的瞳孔也不是完美的圓形，星光經過瞳孔的直線邊緣也會產生繞射的光芒。這些光芒必定是成對發生的。

5.99

參見 **5.100** 之解答。

5.100　**日落蔭帶**　　　♀折射 ♀干涉 ♀亂流

另外一組蔭帶則見於正常的落日。艾夫斯（Ronald Ives）在15年間做了6次觀察報告，都是由高地往平原上俯瞰。這些蔭帶有數英里寬，而移動速率大約每小時40英里。這些條帶也是蔭帶的另一種例子嗎？它們是如何產生的？

5.101　**湖面反射周圍的條帶**　　♀折射 ♀干涉 ♀亂流

若你朝遠方的小湖飛行，終會到達一個反射太陽光的最佳角（optimum angle），而為什麼在湖面主要反射光的四周，會有交互出現的明、暗條帶？

5.99 & 5.100

這種蔭帶的成因至今仍不十分明瞭。最好的解釋是它們可能是光線經過密度變化的空氣胞（air cell）產生的干涉圖樣。這種空氣胞在高層的大氣中可能會自然發生，是一種亂流胞（turbulent cell）。

5.101

湖泊就像一條單狹縫，觀察者的飛行路線正好經過繞射圖樣的最亮與最暗處。

5.102　星星閃爍　　　　♀折射　♀閃爍　♀亂流胞

有首兒歌是這樣唱的，「一閃一閃亮晶晶，滿天都是小星星
……」為什麼星星會一閃一閃的？大約在什麼地方閃？星星
在閃的時候會改變顏色或移動嗎？在夏天還是冬天閃得比較
厲害？用望遠鏡看星星會閃嗎？月亮和其他行星也會閃嗎？
當你觀察一個物體的過熱表面，例如熾熱的車頂或路面，為
什麼會有閃動的現象？要離這種表面上方多高，你的觀察才
會受到影響？閃動的感覺是靠近你的空氣，或遠離你的空氣
所造成的？

5.103　光浮置　　　　　　♀輻射力　♀折射

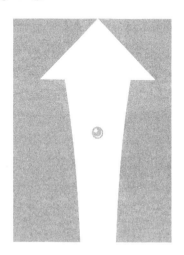

我們曾討論過氣流和水柱會使球
飄浮在空中（見第 I 冊 **2.20**、
2.22），且在兩種情況下，懸浮
的球都出奇地穩定。光線也能使
球穩定飄浮。用相當強力的雷射
光，可以讓直徑約 20 微米的透明
玻璃球飄浮。光如何讓這種球抵
抗地心引力而飄浮？怎麼會有防
止側偏的穩定性？

Answer

5.102
　　星光閃爍是因為空氣在擾動，而最根本的原因則是大氣中的熱分布不均勻。小的亂流胞，約幾公分大小或更大，持續地將通過的星光折射，此時是這個方向，彼時是另一個方向。這種閃爍現象對小星星來說很明顯，但較大的月亮或行星就不那麼明顯了。

5.103

　　光有動量，因此能產生力。這個實驗裡所用的雷射能提供很強的光束，因此有足夠的力來舉起小球。至於穩定性則來自光的折射。雷射光在其中央部位強度最強，假設小球有一點偏離中央，但仍在光束之中，靠近光束邊緣的光線進入球體後，會折射穿過球身，然後向光束的中心折射出。光束受到了一個淨偏轉，因此必定有一股力作用在球上。靠近光束中央的光線進入球體之後，也會經過類似的偏轉，但卻是往光束外緣的方向進行。兩種偏轉皆會使球產生升力，也提供了側向的力給球。但向中央偏折的光，強度小於向旁邊偏折的光，因此的淨側向力是朝光束中心的。如果球飄離中心，淨側向力會把它推回來。

5.104 光漂白

♀光化學

為什麼陽光會使衣服的色彩褪色？褪色的速率和顏色有關嗎？為什麼陽光或螢光（fluorescent light）會使油畫褪色？為什麼有些食物或飲料，如啤酒，須避免陽光照射？哪個頻率的光最有破壞力？

5.105 通過遮陽紙的光

♀繞射

透過黏上一層遮陽紙的車窗看車燈，與沒有遮陽紙的車窗比較起來，有非常不同的效果。請仔細地解釋為什麼會有這種差異？

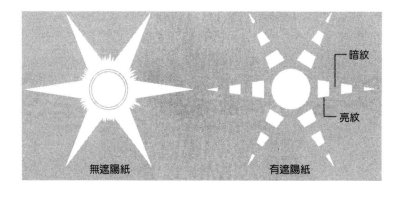

Answer

5.104

　　紫外線會被顏料中的有機分子吸收,並改變它們的分子鍵,最後使顏料的色彩特性消失。

　　為了得到均勻的照明,美術館的展覽室都普遍使用螢光燈,但紫外線會使顏料褪色的發現,卻使掛在近代美術館的畫作大受威脅,因為螢光燈會放射出可觀的紫外線。現在,若不是在燈具就是在畫作上,裝上去除紫外線的過濾裝置,有些美術館甚至裝回舊時的白熱燈泡。

5.105

　　明暗相間的條帶是遮陽紙產生的干涉圖樣。若透過雨傘布料來看光線,會看到類似、但色彩更豐富的干涉圖樣。

5.106　發光的龍捲風　　♀黑體發射 ♀大氣透射 ♀視覺

已經有很多報告，包括正式發表的文章，描述一種和龍捲風有關的神秘發光現象。雖然大家通常以為它只是觀察者的幻覺，而不予重視，但至少有張公開的照片，顯示出兩個夜間龍捲風真的發出光柱。目擊者很生動地描述了發光的情形：

「龍捲風周圍出現漂亮的藍色閃電光芒，而龍捲風的中央部分，則跑出很明亮的橘色球狀光芒。」

而另一個發光的龍捲風發生後，有人看到下面的情況：

「我注視著雲層上方，有個好像探照燈的東西由雲裡伸出直達天際，它比背景雲要亮些，邊緣非常銳利，強度均勻，兩邊是平行的，寬度約有 1 弧度。我並沒有看到它移動或擾動。景像很令人著迷，因此我特別拿出我的偏光太陽眼鏡，仔細觀察這道『射線』，並轉動鏡片看是否有偏光現象，結果並沒有。這道射線非常明顯，街上的行人都佇足觀看，整個過程可能有 60 至 120 秒（或者更久）。接著光柱突然被龍捲風的漏斗結構取代，而沒有漸變的過程。龍捲風並不是從雲層下來的，整個就這樣在原地出現了。」

雖然我們還不太了解這個現象，你能猜測一下它的成因嗎？也許提出一些簡單的數字，來支持你自己的看法。（參考 **6.35**）

5.106

和龍捲風有關的光目前還不太了解。事實上,連龍捲風本身都不清楚呢(見第 I 冊 **2.68**)!最可能的情形是龍捲風裡放電產生的光。

5.107　恆星的顏色

有些恆星看起來是紅色，有些是白色的。有沒有藍色或綠色的恆星呢？

5.108　發光的糖 ♀摩擦發光

一天深夜，我攪拌著玻璃杯裡的粒狀砂糖，這是一種深夜的無聊動作，忽然間有光線跑出來。我繼續攪拌著，又看到玻璃杯旁邊發出短暫的閃光。我攪拌的機械應力與砂糖的應變，怎麼會發出光來？

5.107

恆星發出來的光線和它的表面溫度有關（若以絕對溫度表示則有四次方的關係），恆星的溫度愈高，輻射峰值時放出的光，波長愈短。冷恆星只能放出少量可見光範圍的光，當恆星的溫度愈高時，所放的光就由紅色端開始進入可見光的範圍。因此若恆星的溫度剛好不高不低，它多半是紅色到黃色之間。再熱一點的恆星，輻射峰值正好在可見光的中央，所有色光幾乎都很均勻地放射，因此看起來是白色的，例如太陽就是其中的一個。再熱的恆星其輻射峰值可能在紫外線範圍，因此放出較多藍色的光，看起來就是藍色的。

5.108

當糖粒被攪拌時，晶體受到撞擊與擠壓，晶體平面的電荷差（charge difference）會使分子受到激發而放出光來。

5.109　曬黑與曬傷　　　　　　　　摩擦發光

為何會曬黑與曬傷？造成這兩者的光，波長範圍相同嗎？如果你已經很黑了，就比較不容易曬傷，為什麼？天生深膚色的人和淺膚色的人一樣容易曬傷嗎？防曬油、乳液或防曬霜真的能防曬傷而延後曬黑嗎？重點是，它們真的能達到廣告所說的效果嗎？如果它們能防止任何原因的曬傷，是否也能防止曬黑？

為什麼當太陽的位置較低，或是隔層玻璃時，比較不會曬黑或曬傷？為什麼在沙灘上比在後院的草地上更容易曬黑和曬傷？

5.109

陽光之中的紫外線是皮膚曬黑或曬傷的主因。如果你的皮膚曝露了過量的紫外線，真皮和表皮都會受傷，造成表皮下的微血管擴張，把更多的血液帶到表面來，皮膚因而發紅、變熱。短期曝露於紫外光下，會使原本淡色的皮膚變黑，它首先使正常情況下沒有顏色的色素氧化，接著再活化（或是間接地把一個抑制劑去活化）酪氨酸酶（tyrosinase）。這種酶的活化會使皮膚裡的黑色素（melanin）增加。黑色素是一種黑色或棕色的色素分子，它會保護皮膚細胞的細胞核，在細胞外形成一層過濾紫外線的保護層。

防曬乳液主要分成三類。有些含氧化鋅或氧化鈦，可遮住所有的紫外線與可見光，它能保護敏感的皮膚，但卻沒法曬黑。有些含二苯甲酮，可以吸收所有的紫外線，但也沒有曬黑功能。第三類是含一些氨基苯甲酸之類的物質，會對光線做選擇性的吸收，既能防止曬傷也能曬黑。紫外線的波長大約由 0.28 到 0.40 微米，較短波長的光無法穿透大氣層，而較長波長的就是可見光了。在這個波長範圍裡，0.29 到 0.32 微米波長的光最易曬傷，而 0.31 至 0.40 微米的光最會曬黑。第三類乳液主要就是濾掉 0.31 微米波長以下的光。

清晨與傍晚比較不容易曬黑或曬傷，因為此時陽光在大氣中走得路程較遠，紫外線易被大氣吸收掉。玻璃也會吸收紫外線波長。山頂上更容易曬傷也是因為太陽光在大氣中走的路線比較短。而海灘容易曬傷是因為沙灘會反射紫外線。

5.110　螢火蟲　　　　　　　　　　　♀光化學

我童年時期最快樂的時光，就是在祖母家附近捉螢火蟲。我曾在《科學》（*Science*）雜誌上讀過有關亞洲螢火蟲的同步閃爍（synchronous flashing）的現象，覺得牠更迷人：

「想像有棵35英尺到40英尺高的樹，覆滿卵形的小樹葉，而且顯然每片葉子上都有螢火蟲。所有的螢火蟲都完美地同步發光，頻率大約是每兩秒鐘三次，而在兩次閃爍之間，樹完全是黑的……。再想像有條約十分之一英里長的河，河岸上全是連接濃密的樹木，而每片樹葉上都有隻螢火蟲在同步閃爍。假如你的想像力夠生動豐富的話，也許能想像這種火樹銀花的迷人奇觀。」

什麼樣的機制產生了螢火蟲的光？通常將這種光歸類為冷光，也就是說這種光並沒有轉成熱的能量消耗。（另一方面，白熾燈泡則是一種熱光。）在把能量轉換成光的過程中，螢火蟲的效率是不是百分之百？牠的光是什麼顏色？又為什麼是這個顏色？最後，為什麼那些亞洲的螢火蟲能像大合唱一樣同步發光？

5.111　其他發光生物　　　🔍 光化學

其他很多生物自己也會發光，例如巴西鐵道蟲（Brazilian railroad worm），頭上發紅光而身體兩側下方發綠光。另一種發光生物是腰鞭毛蟲類（dinoflagellate），當牠在白天被打擾的話（譬如說被船碰到），會發出紅光「使整個海面燒起來」，但在晚上則發藍光。另有一種甲殼類動物，乾燥之後若碰到水就會發光。第二次世界大戰時，日本軍人為了避免使用太強的光源，就曾使用過這種光。灑上一點乾甲殼粉，弄溼之後，其亮度足夠看清地圖。

此外還有一些比較不常見的自然發光例子。例如切馬鈴薯也會發光，在黑暗的房間裡可以用它來閱讀。甚至連屍體在黑暗中也有微光。但最不可思議的，特別是在伸手不見五指的一片漆黑之中，尿液有時也會微微發光。

在腰鞭毛蟲的例子裡，為什麼它們白天發紅光而晚上發藍光？而在其他例子裡，又為什麼會發光？

5.110 & 5.111

在這些發光的例子裡，主要是由兩種物質引起發光。這些物質的通稱是螢光素（luciferin）和螢光素酶（luciferase），不過在不同的有機生物內仍有差異。螢光素酶只是一種酶（enzyme，又稱酵素），是發光作用裡的生物催化劑。

海洋生物有三種發光方式，也許有些細胞是特別設計來發光的，並甚至演化出類似燈籠魚的提燈組織，它們也很有可能進一步釋放出一些會發光的物質。或者有些生物自己並不會發光，但卻是一些發光細菌的宿主。而腰鞭毛蟲若受到打擾，在日間會使海面呈紅、黃或棕色，夜間則呈藍色，主要是受到某種內部生理時鐘在調節。腰鞭毛蟲平時就一直發出微弱的光線，但在受到擾動時，會在凌晨 1 點發出最亮的光，若在黯淡的環境中，腰鞭毛蟲可維持這樣的變化節奏長達幾星期。

螢火蟲是藉一連串的化學作用來發光的。每個螢光素分子在化學反應中氧化，就放出一個光子（photon），因此能量轉換成光的效率可說是百分之百。這種光稱為「冷」光，因為和一般的光如白熾燈泡、燭火、燒紅的火鉗等相比，螢火蟲的發光不是由於高溫或分子劇烈的熱騷動（thermal agitation）所產生的。很多有關食物發光的報導，皆導因於細菌發光，這是細菌從食物養分得到能量的一種自然過程。

5.112　感光墨鏡　　　　　　　　　　　♀光化學 ♀透射

有些墨鏡在室內顏色很亮，但一曝露在陽光下，鏡片顏色立
即變深。但若陽光消失，很快又會變回來。什麼原因使鏡片
的透射有這種可逆的變化？

5.113　黑光海報　　　　　　　　　　　　　　　♀螢光

黑光海報（black-light poster）是怎麼作用的？為什麼相同
的物理原理，讓肥皂製造商能聲稱他們的產品可使衣服「比
白色還白」。

5.112

這種鏡片含有對光反應的小晶體，例如溴化銀晶體，光線會把溴化銀中的銀離子轉變成銀原子，鏡片顏色就會變深。但銀原子還是在溴原子附近，因此當光線變暗時，兩個原子又結合起來，深色鏡片又恢復明亮。

5.113

在黑暗中發出螢光的海報，會吸收紫外線並放出可見光。在紫外線之下，海報看起來是未受到任何刺激而發光。那種「比白色更白」的肥皂也是利用相同原理。肥皂裡含有某種物質會把不可見的紫外線轉變成藍光，增加可見光的量。廣告界的行話中，用肥皂洗過產生的「白」光（指可見光），只是比自然的可見光多罷了！

5.114　螢光變換　　　　　　　　♀螢光 ♀燐光

螢光燈是如何產生紫外線，再把它變換成可見光的？這個變換過程有多快？你當然不希望它太快，否則它的輸出可能隨著我們交流電的頻率，以每秒60次閃來閃去。但是你也不想在切掉開關很久之後，燈還亮著。

5.115　斑點圖樣　　　　　　　　♀同調性 ♀干涉

把一張很光滑、很平的黑紙和陽光夾45°，再注視它，你會看到一些不同色彩的顆粒狀斑點在紙上跳動。若使用雷射光，則更容易看到類似的斑點，當然陽光是方便得多。在這兩種情況下，若你移動頭部，斑點圖樣也會跟著動，但它移動的方向卻不一定，有的和頭移動的方向相同，有的卻相反，看你的視力是正常、近視或遠視而定。這些斑點是怎麼來的？爲什麼在陽光下有色彩？最後，你能解釋爲什麼斑點的移動方向和視力有關嗎？

5.114

由電極發射出來的電子碰撞到水銀蒸氣原子，把原子外圍的一個電子激發到較高的能階，而受激發原子的電子很快就會降回原來的能階。去激發（deexcitation）的過程中，原子放出紫外光，而塗在燈泡內壁的燐光晶體又會吸收這個紫外光。因此，晶體去激發的最後結果是放出我們所看見的可見光。晶體釋放光子的頻率應該是交流電頻率的兩倍，通常是每秒120次，但有些國家的交流電頻率與此稍有不同。若晶體在受激發之後立刻去激發，燈的閃爍會到令人不能忍受的地步。

5.115

這種斑點是一種平行入射光的干涉圖樣，所謂平行入射光是一種空間同調性（spatial coherence）的光。這種光被瀰散在空中、結構很小的散射體所散射後，就產生這種斑點。空間同調性是指光源的一部分所放出來的光，和其他部分的光有相位的相關性，這種相關性是維持固定干涉圖樣的必要條件。對某範圍的直射陽光來說，具有空間同調性，可產生這種斑點圖樣。當觀察者移動時，斑點圖樣會明顯變動，這是由於視差（parallax）的緣故，因為觀察者眼睛的焦距並不是放在散射表面上。例如，若散射體距離一個有近視眼的觀察者數公尺，則觀察者眼睛的焦點會在散射體前方。當觀察者頭向左移動時，視差會使斑點圖樣看起來像是往右移動。

5.116　嗡嗡哼唱與視覺　⚲ 頻閃觀測效應

當你從遠處看電視的時候，若嘴裡嗡嗡哼唱，螢光幕上會出現水平條紋。若你哼著適當的音調，甚至還可以讓條紋往上或往下移動，也可以讓它停留原處。另外還有一種類似的表演，在旋轉檯上放一個有黑、白扇形相間的圓盤，如果你用頻閃觀測器（stroboscope，觀測急速旋轉或振動物體的裝置）來照它，調整到適當的閃光頻率，你可以把轉動的扇「凍結」，或使它緩慢地向同方向或反方向轉。但你也可以只在嘴裡哼著適當的頻率就得到類似的效果。為什麼低聲哼唱會這樣子影響視覺呢？

5.117　電視機前的頂面花紋　⚲ 頻閃觀測效應

有一個表面有特殊花紋的水平旋轉面，放在電視的螢光幕前（在一個漆黑房間內，電視正播放穩定的畫面），則會在平面上出現幻覺似的花紋。當然這個幻覺來自平面的設計花紋，但一定要有電視機的光，為什麼？

5.116

在這兩個例子裡，低哼會使電視螢光幕或轉動圓盤，在視網膜上產生頻閃觀測式的影像。這兩個影像來源都有週期性的變化：圓盤在旋轉，而電視的復現影像（recurring image）是電子光束掃瞄過螢光幕，一行一行產生的。適當的哼唱頻率會振盪頭部，眼睛也跟著振盪，使得這些復現影像回到視網膜上的相同位置，影像看起來就像停格了。若哼唱的頻率不對，頭與眼的振盪和電視或圓盤就不再同步，復現影像就會移動。例如，若哼唱頻率比停格影像所需的頻率高，圓盤的轉動的樣子看起來會好像在倒退，你會覺得圓盤向反方向旋轉。

5.117

整個電視的螢光幕並非一直發亮，而是由電子光束將電子一行行地水平掃描過而構成影像的。水平掃描的光點可以成為照亮水平面的頻閃觀測器，使你看到一個停格的影像，或向任意方向轉動的影像，完全視電子掃描頻率和水平面旋轉的速率而定。

5.118　墨鏡與運動失真　♀視覺潛伏 ♀光強度

拿一片黑色的濾鏡放在一隻眼睛前（好像戴著半副太陽眼鏡），再觀察簡單的單擺擺動。就算你知道擺錘是在一個平面上擺動，但當一隻眼睛透過濾鏡時，擺錘看起來就像是繞著橢圓形在旋轉。若沒有心理準備，剛觀察這個現象時你一定會吃驚，而且覺得很神奇。若你在單擺的支點掛一條繩子，有它當參考物，單眼觀察的三維運動會更明顯，擺錘似乎就繞著這根繩子轉。

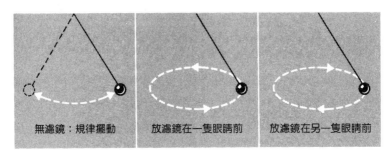

無濾鏡：規律擺動　　放濾鏡在一隻眼睛前　　放濾鏡在另一隻眼睛前

如果你戴著半副墨鏡開車，假設有兩輛車以相同的速度分別由你左右經過，你會覺得它們的速度差很多。事實上，你感覺到的兩車速度都不正確。除此之外，出現在遠處景物的距離判斷也不對，這甚至和它在車子的哪一邊都有關。

什麼原因讓單擺的運動看起來成三維運動？眼睛上的濾鏡到底對單擺有什麼作用，且會使汽車的速度和遠方景物的距離失真？

5.118

單擺看起來呈橢圓運動是因為一隻眼睛被濾鏡遮住的關係。在視覺認知上，一隻眼睛透過墨鏡後，對單擺位置的解析，會有千分之幾秒的延遲。大腦對單擺位置的解析，是來自兩眼獲得的訊息，因此解析出的位置會比真正的位置近些或遠些，會覺得單擺是二維運動而非三維擺動。

例如，若左眼戴著半副墨鏡，而單擺向右擺，這時右眼會接收到單擺的正確位置，但左眼接收到的卻是幾毫秒前的影像。你因心理作用，會把這兩個位置推論回去，直到這兩束光線交會於一點，使自己覺得它們是來自於同一物體。這種推斷會使單擺看起來比實際位置遠。但當單擺向左擺回來時，知覺上也會產生相似的延遲，腦子會認為單擺的位置比實際位置近。整體而言，單擺的運動此時感覺起來就像圖中最右邊的情況。

這種視覺潛伏（visual latency）的原因還未完全明瞭。有個類似視覺系統的一連串延遲線性濾波器，若加強眼睛的照明，也就是加強回饋信號（feedback signal）的話，系統的時間鑑別率會改善。若降低照明，也就是減弱回饋信號，會使時間鑑別率變差。

5.119　觀星者的眼睛變換　　　♀頻閃觀測效應

如果一顆明亮的星星旁邊有顆黯淡的星，若讓眼睛瞄到兩顆星星的旁邊，則你看到暗星的機會比較大，為什麼？

5.120　街燈的順序　　　♀視覺潛伏　♀光強度

華燈初上時，你正好在路上開車，注意一下路燈點亮的情形，它們是依序變亮的。電流真的需要花那麼多時間才能從一盞路燈走到下一盞路燈嗎？如果在交叉路口有幾個路燈，你會發現路口的路燈比那些不在路口的路燈亮得更快。這當然和電流的延遲無關，那麼路燈點亮的時間為何有差別？

Answer

5.119

視網膜上有兩種視覺細胞，視桿（rod）主要用在照明度很低時，它結合成束狀，密度比另一種視錐（cone）密，而視錐則主要用在照明很充足時，它們都分布在視網膜的末梢上。直接凝視星星時，它的影像會出現在視網膜中央窩上，而這裡沒有視桿。忽然把眼睛從星星移開，會把星星在視網膜上的影像移經過視桿集中的區域，加強對星星的視覺認知。

5.120

所有的路燈應該會同時亮起來，因為電流的遲滯短到幾乎毫無知覺。但在交叉路口的路燈好像亮得比較早，是因為它們提供給觀察者的光線比較多，因此視覺潛伏（見 **5.118**）的程度，要比中間的路燈低。

5.121　壓眼閃光　　　　　　　　♀頻閃觀測效應

被拘禁在漆黑牢房裡的囚犯，會在黑暗中看到明亮的光點（俗稱「囚犯電影」，prisoner's cinema）。卡車司機在長期凝視著覆雪的路面後，也會出現這種光點。事實上，當長期缺乏外部刺激的情況下，就會出現這種「壓眼閃光」（phosphene）。

其實我們也可以自己試驗這種壓眼閃光，只要把手指壓在閉著的眼皮上就行了。有些迷幻藥顯然會讓食用者出現非常華麗的閃光幻覺，電擊也會產生類似的效果。事實上在十八世紀，這種壓眼閃光聚會非常流行，甚至富蘭克林（Benjamin Franklin，1706 - 1790，美國開國元勳，證明閃電是電的某種形式）也參加過。大家手拉手圍成一圈，接受一個高壓的靜電發電機電擊。每次電路流通或中斷的時候，參加的人就有這種壓眼閃光。《科學美國人》（*Scientific American*）曾有一段如下的敘述：

「1819 年，波西米亞的心理學家浦肯頁（Johannes E. Purkinje，1787 - 1869）首先發表有關這種壓眼閃光的詳細資料。他在自己的前額和嘴上分別裝上電極，利用一串金屬珠子讓電流很快地通電、斷電，產生了很穩定的壓眼閃光影像。」（Vol. 222, p.82, 1970）

現在，這種壓眼閃光研究已不再是理論性的了，有些能體驗到這種壓眼閃光的盲人，或許有一天能利用這種閃光，得到人工視力。在假眼球裡裝個迷你電視攝影機，利用裝在眼鏡上的小電腦，接收攝影機傳來的電子信號，再去刺激裝在枕骨葉（occipital lobe）的電極網絡，盲人的腦部就會得到刺激。當攝影機偵測到視野左方的物體時，電腦就在能於左邊視野位置產生影像的電極發出刺激，盲人就由此看到外面的世界。

為什麼在電流或壓力的刺激下會有這種視覺上的幻像？而當缺乏外部刺激時也會有這種幻覺？

5.122　視網膜上的藍弧 頻閃觀測效應

視網膜上的藍弧是近來受到注意的一個生理問題。浦肯頁在用火種點火的時候，看到從火種延伸出兩條藍弧，時間持續約30秒。在能夠掌控的情況下，你也可以看見這種藍弧。在紙板上鑽個小洞，把洞對著燈，然後坐在一間暗室裡約1分鐘（別等太久），再把燈打開，你會看到依小洞形狀的不同而有不同形狀的藍弧出現，這樣的影像持續約1秒鐘。

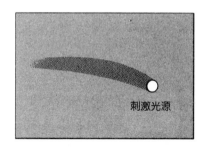

刺激光源

這個藍弧是怎麼來的？是眼睛裡所散射的光嗎？如果是，為什麼總是藍色的？不是應該和散射進來的光線顏色有關嗎？也許它是一種生物發光，或是神經纖維或神經元受到電刺激的二次反應？若是後者，則藍弧的形狀應該和刺激物形狀之間有關聯，這可讓我們對視網膜的局部解剖有進一步的了解。不論是什麼原因，我們仍須解釋為什麼弧光是藍色的。

Answer

5.121

顯然這種眼球受壓產生閃光的機制還不完全了解，因為幾乎沒有公開的文獻模擬這個現象。它的生理位置也還沒有一致的認知，不過有些研究指出，若用電刺激後腦枕骨葉，會產生壓眼閃光影像。

5.122

這種藍弧還在研究中。雖然我們對它所知不多，但它可能是神經元的軸突（axon）被直接刺激，產生的一種神經元激發。假設一束刺眼光線刺激了一組特定的感光器（photore-ceptor），而這組感光器又連接在一組特定的神經節（gan-glion）軸突上，這組軸突接著會刺激附近的神經元，它們又會刺激與自己連接的感光器。結果就形成一條弧形受激帶圍繞在視網膜的中央窩，或向外延伸，而它的一端就是被直接刺激的原點。至於為何是藍色，則還沒人知道。

5.123　眼睛前的光點

視覺潛伏　光強度

如果你凝視清朗的天空，會發覺自己的整個視野裡，其實布滿了移動的光點。這些光點永遠存在，只是我們通常沒注意到。為什麼會這樣？

雖然這些斑點的顫動看起來是混亂的，但是如果你在注視它們的時候，感受一下自己的脈搏，你會發現斑點的顫動受到脈搏的影響，而視野裡的斑點總是走著固定的路線。這些斑點是什麼？是什麼原因讓光點依固定路線顫動？

5.124　眼裡的早晨陰影

視覺潛伏　光強度

如果你一早醒來，在一間充滿陽光的屋子裡張開眼睛，為什麼瞬時間會有個黑影在你的視野中？若這個影像是你眼裡物體的影子，為什麼它總在早晨一睜開眼後旋即消失，而不是一直停在那兒呢？

5.123 & 5.124

視網膜上密布的血管網絡，的確會在視網膜上造成清楚的影子，但這種影子很少被看到，因爲大腦會忽略任何不變的景物。相對於視網膜，血管是保持固定的，它們的影子也是固定的，因此你看不見這些影子。不過有兩種例外。

第一是你在早晨剛張開眼睛的時候，這些影子會忽然投射到視網膜上，這種改變會在大腦把它們當成固定影像而淡沒之前，可以短暫地看見。

第二個例外是視網膜毛細管在輸送血球時會投影，所以也看得見，因爲血球會在毛細管裡急衝。這些血球的陰影會在視野裡出現急動的斑點，尤其當你凝視空無一物的明亮區域時。

5.125　浦肯頁的影子圖像 ♀視覺潛伏 ♀光強度

面對著亮光閉上雙眼，用一隻手遮住左眼，再用另一隻手於閉著、眼皮卻曝露於亮光下的右眼前，不斷來回揮動。在你視野的中央，你會看到像西洋棋盤似的、黑白相間的圖像，中央的下方則有六角形或不規則的圖形出現。如果面對的光源是太陽，你也會看到八角星星或不同的螺旋線條。怎麼會產生這些圖像？

5.126　浦肯頁的彩色效應 ♀色彩知覺

在黯淡的燈光裡，有些特別的藍色會比某些特定的紅色更亮，但在很亮的照明情況下，它們相對的亮度卻相反。爲什麼紅色和藍色的相對明亮度和照明程度有關？

Answer

5.125

這些幾何圖像的原因並不十分清楚。它們可以在視網膜或神經傳導途徑中形成，它們也視兩個眼睛所得資訊之間的交互作用而定。圖像的形態之一是只具有幾何雛形，但缺乏精確及複雜度，顯然是和單眼視覺有關的。較複雜的圖像，就是部分源於雙眼視覺的結果。

5.126

明亮光線下的視覺是由視網膜上的視錐負責的，而光線不足時就改由視桿擔綱，這兩類視覺細胞對光譜的反應並不相同。視錐對黃光有最大反應（對應波長大約是 0.56 微米），但對藍光的反應則差很多。視桿則對綠光反應最明顯（對應的波長大約是 0.5 微米），對紅光的反應則差。若你從燈光明亮的房間，移到光線昏暗的房間時，觀察一下紅色和藍色的差別。你的視覺會由使用視錐轉換到使用視桿為主，因此對紅色和藍色的反應也有明顯的改變。

（譯注：現今對於視桿及視錐的功能，已有更深入的了解，請參閱《驚異的假說》一書，克里克著，天下文化出版。）

5.127　馬赫帶　　　　　　　　🔍 色彩知覺

當你站在強光下，比方說陽光裡，你影子的邊緣有多清楚？
如果你仔細看，會發現有兩個影子，較黑的那個很靈巧地躲
在另一個裡面。較淡影子的內層輪廓有一條黑色帶，而它的
外圈輪廓是一亮帶。人體的影子並沒有什麼特殊，因為其他
物體的影子邊緣也是這種樣子。（當然，如果光源超過一
個，影子的邊緣就變得非常複雜。）

下頁的圖指出如何利用日光燈前面的一張紙板，得到這樣的
影子邊緣。為什麼影子還有明、暗的差異？你的半影（half-
shadow）是怎麼來的？它們能被相機照出來嗎？

📖 早年想要度量 X 射線的波長時，有些物理學家想到利用 X 射線穿過
　狹縫時產生的繞射圖樣。而他們確實在 X 射線的底片上發現明、暗
　圖樣，也利用這些明、暗圖樣來計算 X 射線的波長。很不幸的，後
　來的研究指出，這種明、暗條紋甚至出現在自己的影子上，不能完
　全做為 X 射線繞射的指標。

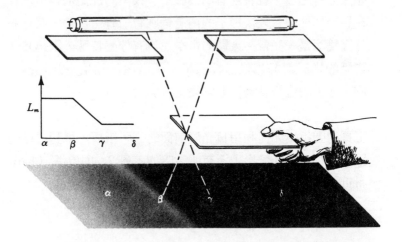

按照圖中的裝置，可以利用一塊紙片來觀察馬赫帶。日光燈距白紙1英尺，把卡片放在白紙上方1、2英寸的地方，若將卡片稍做水平移動，馬赫帶會看得更清楚。旁邊的座標代表紙上不同位置的發光度（luminosity）。

Answer

5.127

這種明、暗相間的馬赫帶（Mach band）其實是虛幻的，但卻可以被拍照下來，觀察者在照片中看到的影子邊緣，即為真實的影子邊緣。目前認為這種影子帶的生成，和感光器神經網路的某種抑制作用有關。簡單地說，當陰影邊緣附近的入射光刺激到感光器時，此感光器發出的信號，會抑制鄰近受光體發出的信號。

考慮視網膜上有個影子的邊緣，在它的一邊，比如說左邊，視網膜接受到很均勻的明亮光線；而在另一邊，也就是右邊，光線較為黯淡、均勻。而在很窄的中間區域，光線驟然由明亮降到黯淡。在中間區域靠近亮的那一邊，會出現明亮的馬赫帶，而靠近暗的那一邊，則出現一條深色帶。在均勻亮度的區域，所有感光器都被鄰近感光器所抑制，因此這個地區發出來的信號強度會比沒有抑制時的強度低。而在中間區域靠這邊緣上的感光器受到的抑制作用較低，乃因它的另一邊光度較暗，所以這裡會被認知為一個亮帶。至於中間區域另一邊緣的感光器，也就是與均勻黯淡相鄰的邊界，會比黯淡區的感光器更受抑制，因為中間區域相對起來還是比較亮，因此那裡就會被認知到有條暗帶。

📖 馬赫（Ernst Mach, 1838 - 1916），奧地利物理學家、心理學家、科學哲學家。

5.128　看見自己思想的顏色　🔍藍德彩色效應　🔍色彩知覺

如果一件物體是藍色的，應該會有藍色光從這個物體發射出來，對不對？事實上，你看到的每一種顏色，都對應於某一種頻率的光，或幾種不同頻率的光混合。這似乎很合理，但藍德卻以幾個一般人都能做的簡單實驗，扭轉了這種說法。

如果你用黑白底片拍兩張彩色景物的幻燈片，一張利用紅色濾鏡，另一張用綠色濾鏡，你會得到什麼樣的幻燈片？你或許會問：「這有什麼不同嗎？當然是兩張黑白照片啦！用黑白底片還能得到什麼別的東西？」

假設你用兩個投影機同時把幻燈片投射在銀幕上，有「紅色幻燈片」用紅光來投影（加上一紅色濾鏡），而「綠色幻燈片」則用正常的白光來投影。你在銀幕上會看到什麼？雖然每張幻燈片上只有黑白兩色，而你用到的色光只有紅光，但重疊在銀幕上的景像卻呈現原先的全部色彩。

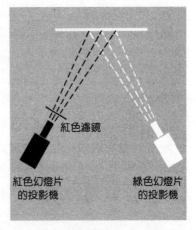

這裡使用的濾片並沒有什麼特別，你所需要的只是兩種不同顏色的光，或甚至一個色光、一個白光。兩張幻燈片甚至可以是同一種顏色，只要投射一張幻燈片的光波頻率和另外一

張投射所用的光波頻率有些不同就行了。

幻燈片上的色彩在照相的同時就被濾鏡給「過濾」掉了，卻在投影像重疊之後還可以重現原先景物的顏色，為什麼？你現在還認為，看起來藍色的物體必定是它發出藍光嗎？

📖 藍德（Edwin Herbert Land, 1909-1991），美國發明家和物理學家，拍立得公司創辦人及拍立得照相術發明人。

5.129　用一根手指製造色彩　　　♀ 色像差

用一隻眼睛看對面牆上那扇陽光照射的窗戶，再以一根手指橫移過眼前。當手指開始擋住窗戶，使窗戶影像開始變形時，最靠近手指的那一側影像會變成黃、紅色。當手指繼續移到影像的另一側時，會呈現藍色。（你用白熱燈泡也可以看到類似的情形，不過藍色會比較模糊。）為什麼會有色彩出現？窗戶兩側的顏色為什麼不同？

5.128

藍德效應的完整過程還甚不了解，但依目前的模式看來，可能在我們的視網膜上有三種視錐，它們各自對不同範圍的可見光波長有最佳反應，分別是短、中、長三種波長。當你觀察一個彩色物體時，每組視錐就去度量該物體反射出來的光，在這三個波長範圍裡，比較它們之間的反射光，再重新建構自己的彩色感覺。黑白幻燈片會重現色彩，是因為兩種波長的反射光訊息顯然足以促發色彩反應。因此，你對色彩的認知，可能幾乎和你眼睛接受的光波波長無關。

5.129

光源的彩色邊緣來自眼睛的色像差（chromatic abberation）。手指阻擋了視野的右邊，使得由窗戶進來的光線只從眼睛的左邊進入眼中。在進入眼睛的時候，紅光折射得比藍光小。雖然這種色彩的像差平時並不明顯，但對一隻部分被手指遮住的眼睛來說，觀察者可以分辨不同色光的窗戶邊緣影像。假設光線由窗戶的右邊射過來，進入眼睛的左邊，由於紅光和藍光折射上的微小差異，使視網膜上的紅色窗戶邊緣影像比藍色偏左，而藍色影像卻被窗戶射進來的其他白光遮蓋掉，因此觀察者會看到偏紅色的窗緣。窗戶左邊的光也會有類似的色彩分離，但這次是紅色的影像消失在其他的白色光裡，觀察者會看到偏藍的窗緣。

5.130　黑白盤上的顏色　　　　　🔍 色彩知覺

在黑、白表面上，可能看到彩色嗎？通常不可能，但你可以試試下面的辦法。

做一個黑白扇形交錯的圓盤，把圓盤慢速旋轉，同時專心盯著圓盤（但不必特別注意個別的扇形）。幾分鐘後，你會發現白色扇形的前沿（leading edge）變紅色而後沿（trailing edge）變藍色（在不同的照明程度下，會有不同的色調）。轉速加快的話，整個白色扇形會變成粉紅色，而黑色扇形會部分變成綠藍色。若圓盤轉得更快時，色彩會無法區分，但似乎會有微小的紫紅色和灰綠色光跳出來。

下圖的這種圓盤能同時顯現上述三種效果。你爲何能看到這些顏色？爲什麼必須專心注視幾分鐘後，這些顏色才會出現？

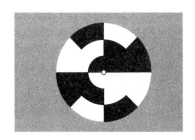

5.130

先前的研究認為，在黑色環境中，色彩的感覺在認知次序上有先後之別，並特別指出，觀察者在黑暗中看彩色，紅色的感覺會比藍色快一點觸發，因此白色區域的前沿是紅色的。

但最近的研究卻指出，對不同顏色的感覺，在觸發的時間上並沒有差異。有項理論就認為，對圓盤色彩的反應，其強度變化型式不是在模仿就是在創造感光器的觸發圖樣，意思就是模仿大腦的彩色編碼。換句話說，色彩強度變化的適當模式，會對大腦送出一組類似摩斯電報的信號，以特定的編碼告訴大腦看到了何種特定顏色。

正如 **5.128** 所說的，看到紅色並不是非要看到波長為0.6微米的光波不可。色彩知覺的原理遠比這複雜得多。

5.131　螢光燈的彩色效應　　　♀頻閃觀測器 ♀螢光 ♀燐光

上題談到的圓盤若轉得更快（大約每秒鐘5至15轉），色彩
效應就消失了。但若把它放在螢光燈底下，會產生新的色彩
效應：你會看到兩個彩色同心圓，色環為紅、藍、黃交錯。
如果你在螢光燈下觀察旋轉的硬幣，也會看到一些彩色的條
紋，至於是黃色或橙色則和背景有關。螢光燈為什麼會有這
種彩色效應？它們能拍得下來嗎？

5.132　飄浮的電視畫面　　　♀頻閃觀測器 ♀螢光 ♀燐光

當你在一個黑暗房間裡看電視時，快速地將你眼睛的焦點由
電視螢光幕左邊大約1英尺的地方移到它右邊大約1英尺之
處，你會看到電視畫面很清楚地飄向螢光幕的右邊，像鬼影
子似的。你甚至可以看到三、四個畫面，全都是向右傾斜的
平行四邊形。怎麼會有這種鬼影似的畫面？它為什麼會傾
斜？如果你以相反的方向移動眼睛，影像也會以同方式傾斜
嗎？若你眼睛上、下地快速掃描，也會有這種鬼影畫面嗎？

Answer

5.131

當螢光燈的藍色和綠色光關掉時，由於它原來激發的頻率是每秒120次，黃光和紅光（若此燈光偏紅）並不會立刻停止，因此轉動的黑白相間圓盤或硬幣會隨著時間不同，反射不同的顏色，其時間持續的長短和燈的三種輸出模式有關。藍綠光的時間最短，主要是來自水銀發射的光線（它的壽命最短），而燐光的壽命也短。螢光是同樣由燐光體（phosphor）發射的光，壽命最長，黃光主要就是由它來的。

5.132

電視螢光幕上的畫面並不是整幅同時產生的，它是電子光束將電子水平地一行行掃過螢幕，由上而下完成的。因為電子掃描的速度很快，以致於你絲毫感受不到。如果你把目光移向電視機右邊，電視的影像會在視網膜上停留約75毫秒。因為你在移動視線時，電子光束依然在一行行掃描，其中某條線條的影像會比它下面線條的影像稍微偏右，因為上面線條較早掃描完成，因此整個螢光幕的畫面就會像圖中那樣傾斜。而出現多重畫面的原因，是當你的頭轉到最右邊時，電子槍已掃描完成畫面好幾次了，每幅畫面都讓你覺得向右離開一點。

5.133　3-D 電影、畫片與海報　　♀ 視覺處理　♀ 色像差

製作傳統的 3-D 電影或卡通書有兩種方法。一種是把圖畫印成兩種顏色，紅與綠，看的時候使用一種便宜的眼鏡，一隻眼睛貼上紅玻璃紙，另一隻貼上綠的。另一種方法則是在鏡片上使用偏光鏡，而在兩部放映機的鏡片上也分別使用不同的偏光鏡，再把放映機同時播放在銀幕上。為什麼用這些方法能夠得到立體的感覺？你也許知道，立體電影並未普遍流行，就表示它一定有些缺點。除了必須戴上特殊眼鏡才能觀賞之外，它還有什麼問題？

3-D 棒球卡和海報，是怎麼得到 3-D 效果的？有些紅、藍海報或平裝書封面，如果有紅色字母印在藍色的背景上，紅字的深景令人印象深刻，我們會覺得字好像離自己較近而背景較遠。為什麼？這種不同顏色對比產生的深度的幻像和照明的強弱有關嗎？還有什麼別的方法能產生立體影像？

Answer

5.133

大多數的立體影像都是模仿正常的雙眼視覺，讓看到的影像有深度。立體電影（現在只是一種小孩子的玩意兒，但以前曾帶給大家蠻多歡樂）含有兩組攝影鏡頭，而攝影機位置分開幾公分，拍攝的角度模仿我們的正常視覺。當你戴上特殊立體眼鏡時，看到的影像合而爲一，產生明顯的深度。3-D電影則提供每隻眼睛相似的透視位移。例如，兩個影像的投射可能一個是藍色，一個是紅色，觀眾則戴著特殊的眼鏡，兩眼分別覆蓋著藍色和紅色玻璃紙，同樣的，兩個影像會融合爲一個有深度的影像。也可以用不同偏振的影像來代替不同色彩的影像，所戴的特殊眼鏡則造成兩眼有不同的偏振光。立體畫片只用到單一圖畫，但在畫面上加一層稜鏡網或有溝紋的塑膠片，使左、右兩眼看到的影像不同。因爲上面覆蓋的塑膠片有不同的斜面，兩眼透視的程度不同，當融合爲一時就產生深度。

紅色字母寫在藍色背景上，看起來字母好像浮出背景，這是由於眼睛對色彩的色像差。我們看這樣的東西時，光線以某種角度進入眼睛的中軸，藍光的折射比紅光厲害。這種差異使得只有一個顏色會聚焦在視網膜上，另一種顏色的影像則稍顯模糊。例如，注視著眼前一張卡片上有相同距離的紅點和藍點。假定紅點在焦點上，它的成像距離頭部中心比模糊的藍色影像來得遠，這種位置以正常的雙眼視覺看起來，就覺得紅點比藍點近些（清楚些）。

5.134　月亮變大

🔍 視覺處理

自然景物之中最令人印象
深刻的，可能是月亮在靠
近地平時會變得很大。這
種影像是大氣條件造成的
嗎？或只是心理作用？你
是否能估計一下放大的比
率？

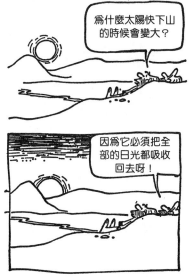

5.135　萬丈佛光　　　　　　　　　🔍視覺處理

黃昏時，偶爾你會看到天邊的夕陽像扇子般放出萬道霞光，這個景像是因為山或雲把部分的陽光擋住了。這些霞光是什麼顏色？那邊的天空又是什麼顏色？另外也有機會在東方看到光線收斂於反日點，不過機會較小就是了。

下面的景像則十分罕見，就是霞光由西方的太陽發射出來，跨過整個天空而收斂在東方的反日點上。但且慢，為什麼雲或山遮住部分陽光時，光線會以扇形方式射出？畢竟，太陽離我們很遠，太陽發出來的光應該是平行的，不是嗎？

5.136　月亮對太陽的線　🔍視覺處理

若哪天你在白天看到一彎新月，在心裡想像畫出一條虛擬的月亮對稱軸。這條軸線會指向太陽嗎？不是應該如此嗎？

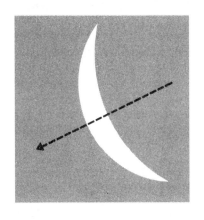

5.134

關於這個題目在文獻上有很多爭論，但為什麼會看到這種影像卻不清楚。月亮變大與大氣條件無關（事實上，折射會使月亮看起來變小，如 **5.18** 所討論的），不過這種影像似乎與月亮和地平之間的空間有關。若這個空間很大，則月亮的仰角也大，月亮的角寬度大約是0.5弧度。當月亮下沉，它和地平之間的空間減少，月亮就看起來變大了。

5.135

這些光線事實上是平行的。它們看起來交會在遠方某一點上其實是一種幻覺，就像我們站在兩條很長的直線鐵軌中間，會覺得鐵軌好像在遠方交會一樣，收斂在地平上某一點。

5.136

如果你用一條長棍子中分新月，這條桿子的確會切開太陽，如你所想的一樣。但如果沒有這種實體的參考物，而是用想像的一條線把月亮中分，則這條線的延長並不會碰到太陽。因為我們的視覺認知上產生錯覺，把天空當成一個大圓頂來看待，才會造成這種結果。

5.137　彎曲的燈束

由側面觀察探照燈的光束，它顯然是彎曲的。燈束真的是因為大氣的折射或散射而向下彎曲嗎？

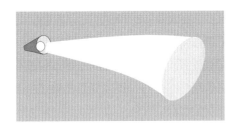

5.138　汽車尾燈和紅燈

當你在夜間開車時，若與前車保持約有兩路口間距的距離，當它停在紅綠燈前等紅燈時，它的尾燈會讓人看起來好像是停在越過交叉路口的某個位置。而當你的車靠近紅燈時，會發現其他等紅燈的車子，其實就停在紅綠燈前。為什麼有這種特別的幻覺？

5.137

探照燈的光束看起來彎彎的也是一種錯覺，原因和上題一樣，也是我們把頭上的天空看成一個大圓頂的緣故。拿一個平直的物品貼著探照燈光束的邊緣，你就會相信光束還真的是直的。

5.138

為什麼會出現這種錯覺，顯然還沒有詳細的解釋。在以前出版的文獻中提到，若有兩個與自己相等距離的物體，高度一上一下，上面的物體看起來一定比較遠。

5.139　雪盲　　　　　　　　　⚲光通量　⚲知覺

什麼原因造成雪盲？長期曝露於雪地或冰原的白光之下，你會覺得眼睛裡好像充滿沙子一般，連著痛好幾天。哪種天候比較容易雪盲，晴天或多雲？斯蒂芬森在他五年極地探險故事的日記裡回憶道：

> 「大家可能會認為在陽光普照的晴天裡最容易雪盲，其實不然。最危險的氣候是陰天，天上的雲正好夠把太陽遮住，但又不夠厚到陰沉沉的……。所有的東西看起來都一樣高……，你可能撞上一個齊腰高、覆雪的冰塊，這比想像的更容易發生，也可能陷入浮冰裡1英尺深……。」

> ——摘自斯蒂芬森之《可親的北極》（*The Friendly Arctic*）

在這種情況下，你甚至連地平都無法分辨！雲扮演了什麼樣的角色，使雪盲的機會增加？

Answer

5.139

雪盲有兩種不同的情況。一場地面的大風雪會將所有鬆散的雪吹入空中，使我們的視線範圍只有幾英尺，假使一個人在這樣的雪地裡步行，走不了幾英尺必定會迷路。第二種情形是當大地完全被雪覆蓋，而天空布滿白雲時，一切視覺上的線索都被消除掉。光線因爲完全瀰散，沒有影子投射出來，連雪和雲看起來也像消失了一樣，地面上的人會覺得自己走在或滑在寬廣的白色虛無之中。

有人告訴我，若在強光下持續看著雪地，也可能永久失明，因爲可見光與紫外線會毀壞部分的視覺過程。

5.140 太空人對地球上物體的鑑別 　　♀光通量 ♀知覺

進入太空軌道的太空人，所能分辨在地球表面上的最小物體是什麼？譬如說他們能在白天或晚上看見地面上的大城市，或其他的大型物體，如金字塔嗎？早年飛越火星的太空計畫曾令許多人失望，尤其是科學家以外的人，因爲從火星上傳回來的地球照片，看不到任何智慧生物的跡象。氣象衛星照片的鑑別率（resolution）約爲1公里，在這種照片裡，地球上有什麼訊息能代表智慧生物的存在？如果鑑別率不夠，那麼要多大才能看得到生命跡象？

5.141 聖誕裝飾球的反射 　　♀反射 ♀幾何光學 ♀鑑別率

閃亮的聖誕樹裝飾球幾乎可以把整個房間的景物都反射進去。若在一個漆黑的房間裡，它會怎麼反射一個點光源？將一個聖誕球靠近一隻眼睛10公分左右，注意看它對點光源的反射（用一個厚鋁箔把燈包起來，在鋁箔上戳個針孔，就是個點光源了），反射的影像是一條光線，而不是一個點。你接著打開房間的電燈，反射的光線立刻收斂成一個道道地地的光點。首先，爲什麼黑暗的房間會使光點的反射影像扭曲成一條線？其次，爲什麼這種扭曲和房間的照明程度有關？

5.142　疊紋圖樣　　　　　♀反射 ♀幾何光學 ♀鑑別率

如果兩個形狀相似但週期稍有差異的圖樣重疊在一起，就出現一個較大的所謂疊紋圖樣（Moiré pattern）。你可以很容易看到這種圖樣，只要把一塊紗質窗簾折疊在一起，或拿一個梳子，距鏡面大約一個手臂長，再從梳齒間看鏡子。在梳子的例子裡，梳子和它的影像重疊在一起，成為一個大的梳齒圖樣。

若要做個更數量化的觀測，先在一塊金屬板上鑽幾個圓洞，在它後面幾英寸的地方，再放一塊同樣的金屬板，從遠方一起看它們時，就構成一個合成的圓形疊紋圖樣。你與金屬板之間的距離，對觀測到的疊紋圖樣有什麼影響？金屬板之間的距離改變，會使圖樣產生什麼變化？當你相對於圖樣平行移動時，它會如何改變？變得多快？最後，圖樣的移動和你與金屬板之間的距離有關嗎？

5.140

假設有個太空人由地球外 800 公里的軌道觀察地球，如果他只靠自己的肉眼而不用望眼鏡，則很難看見有智慧生物活動的跡象。他眼睛對物體的鑑別率，受到光線繞射限制，也就是說，光線通過眼睛的開口時會繞射，因此所能鑑別出的最小物體大小會受到限制。（有些動物的視力鑑別率，受限於感光器在視網膜上的間隔，一個小於其間隔的影像是無法鑑別的。）

對人類的眼睛來說，能鑑別的最小物體，在視野裡約有 0.0005 弧度。意思是說，前面談到的那個太空人，大約能看得清地球表面上 1 公里大的物體，而在這種鑑別率之下，只有很少的人工物體可以被看見。一般來說，最容易看見的智慧生命證據就是幾何結構，例如長長直直的高速公路。

從鑑別率約 0.2 到 2.0 公里的氣象衛星泰洛斯（Tiros）與寧白斯（Nimbus）拍回來的數千張地面照片中，只有一條高速公路和加拿大一些牧場的直角鐵絲網被認出來。

5.141

黑暗房間裡的一個點光源，在聖誕樹裝飾球上會出現一條反射條紋，是因為眼睛可以接受很大角度範圍的反射光。反推這些光線回球上時，心裡作用會讓你以為光線是由一條線光源所發出來的。當房間內的燈突然打開時，瞳孔會縮小成原來的一半，接收光線的範圍會縮小，使得原本看起來的線光源的反射，縮成點光源。

5.142

疊紋圖樣的出現是根據金屬板或布料上面的要素如何依序疊合的情況而定。例如，梳齒和它的反射影像會規律地完全重疊、部分重疊然後再完全不重疊。形成的疊紋圖樣看起來是梳齒的放大，或者至少是某種週期性結構的放大。

第 **6** 章

邪惡電匠的電磁魔法

6.1 觸電 　　　　♀焦耳加熱 ♀肌纖維顫動 ♀功率

如果你碰到一根有電的電線，會發生什麼事？到底是什麼東西使你受傷或喪命？是電壓、電流或兩者？你會燒傷嗎？心臟的節奏會被擾亂嗎？觸電的危險性與電流頻率有何關係？為什麼有人認為歐洲每秒50週波的電流比美國60週波的安全些？直流電會比交流電危險嗎？或者要看情況而定？

在觸電的瞬間你可能還不致喪命，但如果繼續觸電下去，終究會死，觸電愈久，身體的電阻愈低，就愈接近致死的電流量。身體的電阻為什麼會隨著時間改變？

6.1

概略地說，電流經過身體的反應大約如下：

＜0.01安培　沒有感覺或稍感刺痛

0.02安培　疼痛而無法離開（見 **6.3**）

0.03安培　呼吸不穩定

0.07安培　呼吸非常困難

0.1 安培　死於心肌纖維顫動（fibrillation）

＞0.2安培　嚴重燒傷、呼吸停止，但不會發生心肌纖維顫動

很奇怪的，0.1至0.2安培間的電流，最容易致命。這種大小的電流最會引起心肌纖維顫動，心臟會不受控制地抽筋，造成血流斷離，立即喪命。電流超過0.2安培，心臟只是停止，經過急救還可以恢復。而另一方面，在掌控之下的電擊卻是停止心肌纖維顫動的唯一方法。因此，0.1至0.2安培的電流比更大的電流還要危險。

流過身體的電流和皮膚的電阻有關，電阻範圍由溼皮膚的1000歐姆至乾皮膚的50萬歐姆，而身體內的電阻則小得多，介在100到500歐姆之間。接觸240伏特以上的電壓，通常會使電流穿透皮膚。假使一個人碰到足夠讓他手上肌肉脫不開的強電流電線，就算剛開始電流量不足以致命，但皮膚的電阻會一直降低使電流增加，最後會達到0.1安培的致死量。若發現有人被電住了，但還活著，你在不危及自身的情況下，須儘快幫他移開電線，否則最後他還是不免喪命。

6.2 青蛙腿　　　　🔍焦耳加熱 🔍肌纖維顫動 🔍功率

在一個與神經和肌肉特性有關的古典實驗裡，伽伐尼做了一

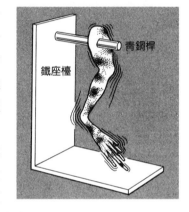

個巧詐而簡單的裝置。他把一
隻青蛙腿掛在一根青銅桿子
上，再把桿子插入一個鐵製的
座檯上，而蛙腿的長度要能碰
到鐵座檯。每當蛙腿一接觸座
檯，它立刻收縮、抽筋起來。
等到不再抽筋，蛙腿又會放鬆
下來碰到座檯，然後再次收
縮、抽筋。為什麼有這種反
應，你能給些數字支持自己的答案嗎？

📖 伽伐尼（Luigi Galvani, 1737 - 1798），義大利醫生及物理學家，發現
　　電花會引起死青蛙腿部肌肉抽筋。

6.3 被電線黏住　　　　🔍焦耳加熱 🔍肌纖維顫動 🔍功率

如果你用手握一條有25毫安培電流的電線，你可能會被電
線「黏住」脫不了手，怎麼會這樣？（不要刻意去握這種電
線，可能會送命。）

Answer

6.2

兩塊金屬接觸時，它們之間會有電位，這是由於金屬外層的傳導電子所擁有的能階不同。當青蛙腿碰到鐵座檯時，座檯、銅桿和蛙腿就構成一個封閉的電路，電流（那些傳導電子）就流過這個電路。通過的電流會刺激蛙腿的肌肉，使它收縮。

6.3

電線並不是藉電力來抓住你的手，而是因為流過手上肌肉的電流使手的肌肉收縮，使手緊緊握住電線。電匠在工作時，若不能確定電線有沒有通電，常用手背或手指的背面去碰觸電線，若不幸有通電，肌肉收縮反而會使手離開電線。

6.4　電鰻　　　　　　♀焦耳加熱 ♀肌纖維顫動 ♀功率

電鰻怎麼會放電？一條健康的電鰻大約能放出 600 伏特 1 安培電。這麼強的功率從哪裡來？電鰻在海裡會持續放電嗎？為什麼不會電到自己？

長久以來，水中生物的定向能力總是個謎。但最近的研究認為，可能有些生物能偵測到洋流在地球磁場運動所產生的電場，這個電場能協助海洋生物定方位。首先，你能指出流動的水如何產生電場嗎？其次，動物怎麼可能測得到這麼微弱的電場？

6.5　燈亮的時間　　　　　　　　♀電流 ♀熱發光

當你打開電燈開關後，燈多久才會亮起來？要等到電線裡的電子抵達燈泡嗎？當電流開始流動，燈泡要多久才會放出可見光？

6.4

在神經信號的推動下，一種叫做電斑（electroplaque）的生物細胞會忽然允許一個離子流（即電流）通過它的細胞膜。這種電魚從頭到尾有一連串這種細胞，因此總電壓就是每個細胞電位差的總和（細胞的內外電位差約為0.15伏特），由頭到尾算起來，電壓也很可觀。魚身上有很多條這種一連串的細胞並聯排列，使它對外有足夠的電流來獵殺食物或嚇跑敵人。例如有一種海水魚，叫做電鰩（Torpedo nobiliana），身上大約有2000條「電斑串」並聯排列，而每串中約有1000個電斑。因為電斑細胞串在一起的關係，使魚身體不但很長，加起來的電壓也夠高。至於並聯的作用是使外面的總電流夠大，而流過細胞之間的電流能維持較低值。淡水裡的電魚有更多的電斑串，因為淡水的電阻比較大，要得到等量的電流，電鰻頭尾間的電壓要更大。

6.5

電子在電路上的移動速度相當慢，大約10^{-4} m/s，但通電信號（沿著電線的電場改變）的移動速率卻接近光速，因此是信號由開關跑到電燈，而不是真正的電子在跑。信號到達燈絲的時間大約只有1毫微秒（10^{-9}秒），幾乎是瞬間就到了，但電流必須先把燈絲加熱，它才會發光。燈絲必須加熱到幾千度K，才能放出可見光，而通常在開關打開之後約0.01至0.1秒的時間，燈絲才會有這種溫度。

6.6　微波炊煮　　　　　　　　　　🔍吸收 🔍電場

用傳統瓦斯爐炊煮，食物是由外面熱到裡面，但以微波爐炊煮，食物的內部會先熱，因此用微波爐烤肉，內部可能已經全熟，而外面卻只有五分熟。若你站在一座正在發射中的大型雷達天線盤前，或把手伸進微波爐裡，也會裡面全熟而外面五分熟嗎？為什麼微波爐以這種方式炊煮食物？事實上，它究竟是怎麼把肉煮熟的？

「當媽媽還是小女孩的時候，根本沒有微波爐，
準備一道菜得花上 1 個小時的時間。」

6.6

微波被肉吸收時，其實大部分是被肉裡的水分吸收，大都在距離表面1公分到幾公分深處。吸收率與深度的關係視微波的頻率而定，頻率愈低，深度愈深。

多數的微波爐運轉頻率約為2450MHz，它會加熱並穿透肉塊的表面兩公分。微波爐的設計要使微波很均勻地由四面八方進入食物內，假如肉塊不太大，由所有方向進入中心的微波量，會比任何單一方向的表面1公分所吸收的量多，因此中間吸收的微波比較多，自然比表面熟得快。但倘若肉塊實在大，或是微波不夠均勻、頻率太高，進入食物的深度便很淺。

6.7　毛骨悚然地走在地毯上　　🔎電荷分離 🔎電場 🔎放電

在走過地毯或滑進汽車座椅時，很多人都有觸電的經驗。好
歹得累積些電荷吧，你能否說明發生了什麼事？例如，為什
麼必須走過地毯？為什麼只是站著就不會累積電荷？為什麼
這種效應和季節有關？

這種起電（electrify）經驗常是物理課程的一部分，例如用
貓皮之類的東西用力摩擦玻璃棒。為什麼要摩擦？如果不那
麼用力，帶電很快就會減少嗎？摩擦作用真的和帶電有關
嗎？為什麼棒子上的電荷極性與摩擦的物體有關？最後，若
將棒子伸進火柴的煙裡，為何電荷會減少？

6.8　雪讓鐵絲圍籬充電　　🔎電荷分離 🔎電場 🔎放電

常常會有被飛沙和風雪電到的情況發生。例如在科羅拉多洛
磯山區的飛雪，「靠近山區的平原上，鐵絲籬笆會累積電
荷，電荷常會常會擊倒人畜，有時會對地面上的物體放出火
花。曠野的居民說，偶然會看到從籬笆上跳起的火花，可高
達有1碼左右。」（一英寸高的火花就可以把人擊倒，讓他
不舒服好幾個小時。）為什麼風雪會使鐵絲圍籬充電？

Answer

6.7

當兩種材料（像是鞋子和地毯或貓毛和玻璃棒）接觸時，其中一種材料的表面電子會穿隧（tunnel）過表面的電位壘（electrical potential barrier），進入另一種材料。例如當貓毛和玻璃棒接觸時，電子會由玻璃表面穿隧進入貓毛表面。由於兩者都不是良導體，這種穿隧效應一定要實際接觸才可能發生，為了要有更多的電子轉移，就要有更多的接觸點，而摩擦兩者表面，是得到更多接觸點與電子轉移的最方便方法。失去電子的一方呈正電性，而獲得電子的一方就帶負電。如果空氣很潮溼，多餘的電荷會很快地跑到懸浮在空氣裡的水滴中，煙霧顆粒也會帶走電荷。若沒有這種放電，摩擦會產生很高的電壓。例如，單單滑過汽車座椅走出車子，你就可能比地面的電位高 15,000 伏特。

6.8

飛雪對鐵絲籬笆、飛機或類似金屬物體的充電，原因和 **6.7** 的電子轉移類似。電子由雪轉到金屬物體上，使它帶負電。

6.9 凱氏滴水器

電荷分離 電場 放電

另一個很常見的物理裝置是凱氏滴水器（Kelvin water dropper）。簡單地說，水由兩個空罐頭中間滴過，而空罐如圖那樣用電線接在一起。過了一會兒，有一組空罐會帶正電，而另一組帶負電，爲什麼？這個裝置看起來似乎很對稱，爲什麼彼此會帶不同的電荷呢？你能說明一開始電荷是怎麼產生的嗎？

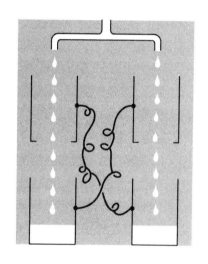

6.10 膠帶的光輝

電荷分離 電場 放電

如果你在暗室裡撕開膠帶，會在撕開的地方看到短暫的閃光。爲什麼會有閃光？它有特別的顏色嗎？如果有的話，爲什麼是這個顏色？

6.9

這個裝置最主要的部分，是要讓水流斷成一滴一滴的，從管口滴下來，位置要在上面罐子的罐口以上。當水一開始滴的時候，上方的兩個罐子當中，其中一個會比另一個多帶些負電荷，至於是哪一個完全看機會，因為剛開始的電荷差，可能來自宇宙線或地表的天然放射現象。

為了方便說明，假設圖下方左側的罐子多帶些負電，則上方右側的罐子會比其左邊的罐子多帶些負電，因為右上和左下的罐子相連之故。右邊管口的水滴在經過右罐時會被極化，因此會多帶些正電，水滴裡的負電荷會被罐子的負電推開。因為水滴會掉進右下方的罐子裡，罐子就比原來帶更多正電。儘管剛開始時，下方兩個鐵罐的電位差很小，但有些家裡手製的凱氏滴水器所產生的電位差，可高達 15,000 伏特。

6.10

膠帶撕開會產生電荷的分離，黏的那一層和被黏的表面層所帶的電荷不同，因此剛拉開時所具有的電荷並不平衡。閃光是兩個表面之間的放電現象。

6.11　電場和水流　　♀電荷分離 ♀電場 ♀放電

水流一開始是連續不斷的，但終會散開成水滴。你能輕易地不讓水流散開，只要把一個帶電物體靠近它就行了。如果這個東西帶的電很強，水流甚至會被它吸引。你能解釋這個現象嗎？當然你可能要先說明為什麼水流會散開？

6.12　篩糖粉　　♀電荷分離 ♀電場 ♀放電

有一天當我在為蛋糕篩上一層糖霜時，發現一件很奇怪的事。一開始，糖粉垂直落下，但漸漸地卻向兩旁展開。為什麼會這樣偏離？

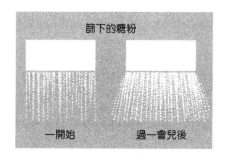

6.11

　　水流會散開最早是瑞立提出來的，他指出水流的擾動，會導致沿著中心軸的周圍產生波動，這種干擾波的振幅會以指數方式擴大，終使水流散開。一旦水流散開，表面張力會使水分子構成一粒粒的水珠。若在水流旁邊擺一根充電的棒子，可以防止或延緩水流的散開，這是因為水流裡的電荷因感應而分離的緣故。假如一根帶正電的棒子靠近水流時，棒子的電場會驅使水流的電子橫越水流到靠近棒子的那一側，使接近棒子這邊的水流多負電，而遠離的那邊多正電。這種電荷分離的水流就比較不容易散開了。假設水流散開成水珠，有兩滴剛生成的水珠在棒子的徑向方向，因為水珠裡的電荷受感應而分離，它們相鄰介面的電荷是相反的，兩顆水珠便會互相吸引，根本不會有水珠產生。如果棒子的電性很強，離棒子近側的水流甚至會被它吸引，偏離正常的流軌（trajec-tory）。

6.12

　　糖粉帶電的原因與 **6.7** 及 **6.8** 類似。糖粉經過篩網時會帶電，而糖顆粒間都帶了相同的電荷，會互相排斥而分開，造成有些糖粉會跑出篩網範圍外。

6.13　油罐車鐵鍊　　　♀電荷分離♀電場♀放電

為什麼以前常在油罐車的底盤上掛一段鐵鍊？你會在自己的車上掛條鐵鍊嗎？

6.14　淋浴的充電　　　♀電荷分離♀電場♀放電

當你淋浴時，飛濺的水花會使浴室裡的空氣帶負電，電場強度可達每公尺 800 伏特，在瀑布旁也發現類似的負電場。除此之外，當使用高壓水柱清洗油輪的油艙時，產生的電場強度可達每公尺 300 仟伏。這種電場是怎麼產生的？在超級油輪的清艙作業中（這可不只是個學術問題），也曾發生過幾次大爆炸。

6.13

車胎和路面接觸會使車胎帶負電。車胎持續轉動,會均勻的帶電,把車體和車架上的電子推開,使接近車胎附近的車體帶正電。於是部分車體就可能和接近地面帶相反電荷的物體產生火花。對一般車輛而言,這種小火花沒什麼大不了,但載滿易燃品的油罐車或瓦斯車就不同了,很有可能會引燃油氣產生爆炸。

以往在油罐車後掛節鐵鍊,垂到地上,是認為鐵鍊會使車體上的電荷持續放電。它的確會使車體上的部分電子排掉,但仍無法使卡車保持安全的電中性,因為卡車可能變成帶正電,還是很容易產生火花。

6.14

飛濺水花的電荷分離細節還不是很清楚。但在十九世紀,雷納德已經指出,鄰近飛濺水柱、飄浮在空中的大水珠帶正電,而較小的水珠則帶負電。因為大水珠比小水珠更快掉落,留下空氣中帶著負電的小水珠,和相當強的電場。

📖 雷納德(Philipp E. A. Lenard, 1862 - 1947),原籍匈牙利的德國物理學家,對陰極射線研究卓著,1905 年諾貝爾物理獎得主,反猶太份子。

6.15　負離子與愉悅心情　　　♀電荷分離♀電場♀放電

一般認為，如果你進入一個充滿負離子大氣的空間，如上題所說的浴室，會覺得很愉悅。負電會讓你覺得開心，而正電會讓你覺得不太舒服，因此，你洗澡之後的舒暢感，不只來自洗淨的身體，可能也包括負電荷的緣故。你能解釋為什麼負電和正電對人會有這種影響嗎？

6.16　跌穿地板　　　　　　　♀電荷分離♀電場♀放電

為什麼你不會跌穿地板？是什麼撐住了你？

6.17　保鮮膜　　　　　　　　♀電荷分離♀電場♀放電

透明的保鮮膜可以很緊密地貼在容器口上，並黏住它的邊緣，它還能保持張力，把容器完全密封。保鮮膜很「黏」，怎麼會這樣？

Answer

6.15

電荷對人類的影響顯然還未被充分證實，更談不上解釋了。

6.16

讓你不會跌穿鞋子、地板或地面最基本的力，是相鄰界面上原子間的電斥力（electrical repulsion）（參考 **7.24**）。

6.17

保鮮膜上的靜電力使它能與自己和各種食物容器黏在一起。例如和金屬壁緊貼的塑膠膜上有多餘的電子，它便會排斥金屬壁上的電子，留下帶正電的金屬面，因此能把保鮮膜吸住。既然保鮮膜本身不是好的導電體，它的靜電荷也就不會輕易跑到金屬壁上，結果保鮮膜就牢牢地黏住了。這些靜電荷是在製造保鮮膜時就產生了，事實上在製造保鮮膜的過程中想特別除去靜電荷非常困難，當你拉出保鮮膜時，由於摩擦的關係，會有更多的電荷彼此分離，拉得愈快，產生的電荷愈多。溼的空氣或容器會讓保鮮膜上的電荷跑掉，減低它的附著力。

6.18　沙堡和碎屑　　　　　♀電荷分離 ♀電場 ♀放電

若你要在沙灘上築沙堡，必須用溼沙而不能用乾沙。擺在桌
上放久的食鹽也有相同的形況，就是溼的時候比較具有內聚
力（cohesiveness）。然而，其他的粉末如可可粉或粉筆灰，
在乾的時候反而比較有內聚性。是什麼力使粉末具有內聚
性？溼或乾，與沙和食鹽有什麼關係？你認為細緻的粉末比
粗糙的粉末有較多或少的內聚性？

土壤的肥沃主要靠碎屑形態來維持，若土壤使用不當，會形
成很多無用的灰塵球。土壤為什麼會形成碎屑狀？為什麼其
他的粉末，像沙或粉底不會形成碎屑？

6.19　磁場鈔票　　　　　　　　　　　♀磁性

如果你把一張鈔票掛起來，然後拿個大磁鐵（磁場不均勻）
靠近它，鈔票會向其中一個磁極接近，為什麼？

Answer

6.18

有四種力可以讓粉末結合在一起。若顆粒小於50微米，凡得瓦力（van der Waal's force）最重要，這是一種原子之間的吸引力。另外，粉末顆粒之間若帶不同的電荷，靜電吸引力也會使它們凝聚起來。若粉末很潮溼，則水分子的表面張力之類的作用力，會把它們結合在一起（但要是水太多的話，就變成爛泥了）。最後，若顆粒的形狀不規則，則相互間的連鎖結構可使它們聚在一起。現今對於形成粉末與碎屑的研究，是想藉這些力來說明某些粉末在微觀尺度上的整體內聚力。

6.19

鈔票的油墨含有一磁性的鹽類，可能是鐵鹽，它會被磁鐵的某個磁極吸引。

6.20　被磁場移動的氣泡　　　　　　　♀磁性

拿一塊大磁鐵靠近木匠用的水平儀，會使裡面的氣泡移動。
磁場是怎麼做到的？氣泡會靠近或離開磁鐵？

6.21　電磁飄浮　　　　　　　　　　　♀磁性

一個通入交流電流的線圈會
使金屬環飄浮起來，但若電
流是瞬間通電，金屬環會明
顯地跳入空中，這兩種情況
有什麼不同？

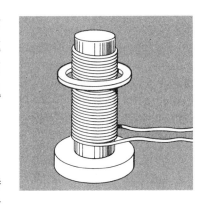

金屬環飄浮時，是什麼支持
它對抗地心引力？如何決定
飄浮的高度？飄浮的穩定性如何（環會不會斜斜地靠著線
圈）？再來預測一下不同金屬環的行為，你的直覺可能會失
算。為了好玩，先猜一下後面這些情況會怎樣，再實際做看
看。兩個密度和直徑相同、一薄一厚的金屬環，飄浮的高度
會一樣嗎？若電流慢慢增加，在線圈上的這兩個環會有什麼
反應？最後，若一個環較寬，會發生什麼事？

6.20

水平儀裡的液體是一種反磁性（diamagnetic）物質，當它被放在磁場裡時，會產生一個相反的磁場，因此液體會被磁場排斥，氣泡會漂向磁鐵。

6.21

線圈裡改變的電流會產生一個隨之變化的磁場，而金屬環本身就在這個磁場裡。這個磁場又會使金屬環內部產生感應電流（induced current），而感應電流又會產生一個磁場，因此這個磁場和原先的磁場是相對的。第二個磁場使金屬環飄浮在第一個磁場中，但若電流突然接通，線圈電流的突然改變會在金屬環內產生較大的感應電流，它產生的磁場可能會大到突然將金屬環向上推。

6.22　在磁場的陰影裡轉動

♀ 磁性

在一個通有交流電的磁鐵某一端，放一個可以自由轉動的銅盤，銅盤會被推開但沒有轉動的跡象。但若在銅盤和磁極間擺上一塊銅片，使它遮住部分的銅盤，則銅盤會立即開始轉動，為什麼？

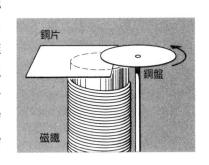

6.23　永恆磁運動

♀ 磁性

歷史上曾出現過許多迷人的永恆機械裝置（perpetual machine），最簡單的其中之一是賈斯特主教（Bishop of Chester，1670年代）所發明的。放在長方柱頂端的磁鐵，會吸引鐵球爬上斜坡，使它接近頂端的缺口。接著球會由缺口掉下來，又滾回斜坡底部，整個過程重新開始。非常直截了當的裝置，不是嗎？不應該成功嗎？

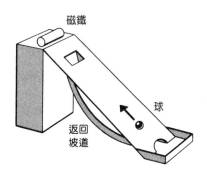

Answer

6.22

交流電磁場會在固定的銅片和銅盤上都產生感應電流。如果沒有銅片，磁場上方的部分圓盤會充滿這種感應電流，它的方向和其產生的磁場方向相同，使得圓盤被磁鐵的磁場推斥。因此沒有銅片時，圓盤會被磁場推斥，但加入銅片時，銅片裡的感應電流以及圓盤未被遮住部分的感應電流會互相吸引（它們產生的任一磁場會使另一股電流靠近），因此圓盤會繼續轉動。

6.23

為什麼不自己動手做這個簡單裝置，看看能不能成功。若磁鐵吸力夠強，可以把鐵球吸上斜坡，為什麼不會強到吸住鐵球，使它滑不回底部呢？

6.24　汽車速度錶　　　　　◯ 感應

馬蹄形磁鐵會吸引鋁片嗎？通常不會。（為什麼？）但有一種特殊的設計能使磁鐵轉動鋁片。用一條細線把磁鐵吊起來，擺在鋁片上方，但要讓鋁片架高，使它能對其中心軸自由轉動。若磁鐵轉動，鋁片也會轉動，鋁片的轉動方向和磁鐵一樣嗎？為什麼只有這種設計能影響鋁片？

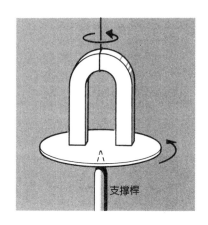

支撐桿

這也是你汽車速度錶的基本操作原理，只是在汽車裡，磁鐵是在鋁罐中旋轉，另有一個連在一起的指針，鋁罐則用彈簧固定。

6.24

旋轉磁鐵的變化磁場會使鋁盤產生感應電流，這電流又會建
立起自己的磁場，兩個磁場的交互作用會在鋁盤上產生一個
力矩使它旋轉，方向和磁鐵的轉動方向相同。

6.25　收音機和電視的接收範圍

🔍 電離層物理 🔍 離子體頻率 🔍 電磁波

關於收音機，有很多問題常令我迷惑。例如，為什麼調幅網
（AM）的接收範圍，在夜間比白天大得多？有時用一個簡
單的電晶體收音機，你可以聽到半個美國距離那麼遠的電台
所發送的節目。（結果之一就是美國聯邦通訊委員會（FCC）
要求大部分的 AM 電台降低發射功率，或在傍晚停播。）當
馬可尼首次把無線電信號傳過大西洋時，很多人都十分驚
喜。為什麼這些信號不在空中直線前進，而是隨著地球的球
面前進？

但調頻台（FM）和電視台的接收範圍就很有限，很少超出
它位處的城市外。偶然，比方在流星雨的時候，它們的信號
可以傳得很遠；但有些時候，如日焰（solar flare，太陽大
氣之外側部分的輻射爆發現象）時，信號射程明顯減少，全
世界的通訊聯繫幾乎癱瘓。首先，為什麼 FM 與電視信號的
接收距離與 AM 有這樣的差異？其次，為什麼 FM 與電視信
號的傳送範圍，有時候會有這麼戲劇性的改變？

📖 馬可尼（Guglielmo Marconi, 1874 - 1937），義大利發明家，發明無
　　線電，1909 年諾貝爾物理獎得主。

Answer

6.25

無線電波穿透電離層（ionosphere）的深度與電波的頻率有關。對電視和FM收音機所用的高頻傳播信號而言，電離層幾乎是透明的，但AM收音機所用的低頻電波卻能被電離層反射回來。因此，要想接收某一個電視或FM節目，接收器要和發送器相當靠近，至少要能接收到直接發射出來的信號，或是由周圍環境（如建築物）反射回來的信號。而接收AM信號的接收器可以和發送器離很遠，因為它可以利用由電離層反射回來的信號。

偶爾，高頻信號也會被電離層反射而傳得很遠，這種現象可能是電離層中的游離（ionization）程度增加，通常是在流星雨或所謂散塊E層（sporadic-E condition）的狀況下。後者為什麼會增加游離，至今還不太了解，可能和太陽輻射量的增加有關。在晚上，AM信號的反射會加強，因為缺少了陽光，會使電離層下半部的分子游離減少。於是反射高度增高了，AM信號沿地球球面傳送的距離更遠。為了避免這些信號無法管理、亂成一團，美國聯邦通訊委員會要求大部分的電台降低發射功率，或停止發送信號。

6.26　晶體收音機共振

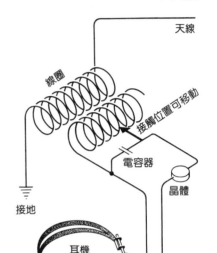

共振

我小時候玩的晶體收音機
非常簡單，它只有一條天
線、一個電容器、一條長
線圈、一副耳機，最後還
有個晶體。你知道它是怎
麼作用的嗎？例如，為什
麼改變線圈上的接觸位置
可以更換電台？且為什麼
一定要有晶體？

當時偶爾聽人說，可以利
用各種奇怪的東西，像是
補牙材料、床墊彈簧等，
收聽到附近電台的節目。
這些故事會是真的嗎？如果是，在這些奇怪的收音機組合
裡，是什麼取代了晶體收音機裡的晶體？

6.27　飛機干擾電視

共振

為什麼一架飛得很近的飛機會干擾你家的電視畫面？

Answer

6.26

接收電路在某個特定頻率時會發生共振,而共振頻率和電路的電容(capacitance,來自電容器)及電感(inductance,來自線圈)有關。當改變線圈的接觸位置時,電路的電感就改變了,它的共振頻率也跟著改變。但這裡接收到的信號是正弦波,而我們由正弦波吸收到的平均功率是零,若不把信號加以改變,我們根本聽不見什麼東西。金屬「觸鬚」和晶體的接觸,只准電流單向通過,因此信號是經過整流的,有一半的正弦波(就說是負的那一半吧)被移除掉。所以電路裡只剩下一半的正弦波,平均吸收功率不再是零,我們就聽得見聲音了。

6.27

飛機會把電視信號反射到你家的電視天線上,但比直接的信號稍晚一些。直接信號會在螢光幕呈現影像,飛機反射的信號也會,但比較黯淡地出現在右邊,像個鬼影似的,且隨著飛機移動,影像也跟著改變。這種「鬼影」之所以出現在右邊,是因為電視影像是自左至右,由電子槍掃描構成的。

6.28　汽車的AM天線

共振

爲什麼汽車收音機的AM天線大都裝在車外，而且是垂直的？如果把它裝在擋風玻璃上會有多大的影響？

6.29　收音機裡的電台

共振

通常我車裡的收音機是固定在某家地方電台的頻道上。但是當我開車經過另一家電台的發射天線時，除了原來的節目之外，有時我還會聽到其他電台的節目，爲什麼？偶爾，我甚至可以在很多不同的頻道上聽見同一個電台的節目，這又是爲什麼？

6.28

AM信號的發送器是垂直的。如果無線電波被汽車天線直接接收到，電波的電場會沿著發送的方向偏振，也就是垂直的。因此，要想得到最強的信號，接收天線也要垂直才好。

6.29

在FM電波範圍內，同一個信號出現在刻度盤上幾個不同的位置，是接收器對很強信號的非線性反應，這種效應稱爲交互調變（cross modulation）。在AM電波範圍內，假如接收器很接近某一個發射強信號的發送器，則原本收音機收到的較弱電台信號會被這個強信號蓋過去。通常接收器和發送器收發的信號都會在一個很窄的頻率範圍內，但都不限於單一頻率。舉例來說，發送器發出的原始頻率是11,000kHz，但它也以部分功率發出11,500kHz的電波。遠方的接收器可能無法把收到的11,500kHz微弱信號，放大到聽得見的程度。但如果附近的一個接收器把信號接收頻率調到11,500kHz的位置，想聽另一個電台以此頻率發射的節目，但此時第一個電台發出的11,500kHz微弱信號會被放大，使這台鄰近的收音機放出不是原來想收聽的節目。

6.30 極光表演  磁場裡的帶電粒子 原子與分子的激發

「入黑之後，北方或東北方的地平上，或早或晚會出現一道
淡淡的弧光。弧光慢慢地升入天空，亮度也漸漸增加。當它
高掛空中，尾端向東方與西方的地平延伸。當它還不是很清
楚時，是一種透明的白光，亮起來之後通常是淡淡的黃綠光
芒，就像植物的新生嫩芽在黑夜中吐露。弧光的寬度大約是
彩虹的三倍，下緣比上緣清楚。弧光向天頂運動的速度非常
緩慢，慢到看起來就像靜止一樣。當一道弧光上升，下面會
出現另一道弧光，隨著它上升，接著可能出現第四道、第五
道或更多的弧光。它們一塊兒上升，有的更會越過天頂進入
南方的天空。

「這景象在某些夜晚也許能全部出現，但有些夜晚，極光
（aurora）可能表現出完全不同的面貌，更活躍且千變萬
化。中間的轉變過程可能很快，甚至突然間就發生。弧光的
寬度變細，並放出光線，弧光開始折摺，也會演變成有波狀
的較細折摺，因此它像是一條不規則變化的輻射狀光帶，猶
如一條掛在空中的大布簾。它的顏色可能仍保持黃綠色，但
在下緣經常或間歇出現紫紅色的邊緣。有時也會出現鮮明的
綠色、紫色或藍色。光線偶爾會向下投射，就像由上刺下的
長矛。有時似乎也有一種沿著光線的向上運動，或沿著光帶
向東或向西運動。這塊布簾會很快地掃過天際，就像高空中
有微風吹過似的，或者它們會忽然消失，又在相同的地方或

他處倏地出現。這種絢爛的表演可能持續幾分鐘或幾小時，不停地變換樣式、位置、顏色和光強度，有時也會中止，整個天空只殘留小部分極光，或甚至完全消失。

「有時觀察者抬頭望著出現在自己頭頂上方天空的極光摺，來自不同方向的光線好像都匯集起來，形成所謂的『日冕』或『皇冠』。通常日冕的形狀迅速變動，光線會向四面八方閃爍或像火焰般搖曳，或是繞著中心滾動。

「在這種醒目的極光表演結束時，極光可能會變成很迷人的樣子，不再像連在一起的布簾或帶子。它們可能像很多小布塊散滿大部分的夜空，時而光亮時而黯淡，就是所謂的脈動（pulsation）。最後，天空被大浪狀的軟雲覆蓋，就像附著大鱗片的魚鱗天（mackerel sky），但這些「大鱗片」忽隱忽現，週期只有幾秒鐘。最後，夜空清朗，不再有極光。但可能不久之後，整個表演又重頭開始，再來一遍，直到曙光出現，掩蓋掉極光。」

——摘自查普曼（S. Chapman）的〈Sun Storms and the Earth:
The Aurora Polaris and the Space around the Earth〉，
《美國科學家》（*American Scientist*, Vol.49, p.249, 1961）

對極光的詳細解釋目前還在研究，但你能否大致說明極光的
成因，以及爲何出現這些顏色與波狀的結構？爲什麼高緯度
地區比較常出現極光？爲什麼加拿大比西伯利亞更常出現極
光？而兩者的地理緯度卻是相同的。

「但我們上星期不是才去看了北方的光嗎？」
——摘自《芝加哥論壇雜誌》（*Chicago Tribune Magazine*）

6.30

低能量的太陽電子（能量是幾百電子伏特）在地球反日點處被掃進離子體尾巴（plasma tail）中，多少會增加些能量（到幾千電子伏特），接著被地球磁場線導入靠近磁極的大氣中。這些磁場線是以橢圓路徑進入地球的一個磁極，再從另一個磁極離開，它們和地球自轉軸端點的地理南北極稍有差距。

帶能量的太陽電子亦是以橢圓路徑進入靠近地球磁極的大氣中，藉由碰撞作用將氮分子與氧原子激發，而綠光就是去激發的氧原子在100至150公里高空所放射出來的光。更高空的氧原子則放出強烈的紅光，而氮分子也會在去激發時放出來紅光。這些色光以橢圓路徑在磁極附近出現，沿著地磁緯度（geomagnetic latitude）約70°的地方可以觀察得到。

地磁北極（north magnetic pole）在加拿大，因此極光會出現在南加拿大和美國北方。西伯利亞的地理緯度與加拿大相同，但地磁緯度卻比較低，因此較少看到極光。

6.31　雷嘯　　　　　　　　　　　♀折射 ♀瀰散

第一次世界大戰時，德軍藉由偵測電話線漏到地下的微小電流，來竊聽盟軍的野戰消息。方法是這樣的，把兩根金屬探針分開幾百碼插入土裡，距電話線一小段距離。一旦把收到的信號輸入高倍的放大器裡，聰明的德國人就聽得到電話的內容了。但在竊聽的過程中，會聽見另外一種神秘、相對強的哨音，它的音調會持續地降低。後來發現這個聲音與電離層現象有關，可稱之為「雷嘯」（whistler），另外的一些卡噠聲、叮噹聲以及音調愈來愈高的哨音，統稱為「晨噪」（dawn chorus，黎明時的無線電干擾）。你能解釋這些聲音的來源嗎？

Answer

6.31

閃電發出的電磁脈衝直接先被聽到，好像醫生聽診器聽到的卡嗒聲。這些波向上傳遞，在電離層中集中成一束，接著向下彎曲，沿著地球的磁場線前進。當此波束到達相反的磁極區時，被更強的磁場反射，再沿一條場線回到起始點附近。但並非所有的電磁波束的速率都一樣，頻率愈高的走得愈快。當返回的電磁波束進入探針時，高頻波先被聽到，接著較低頻率的波相繼到達。

最先抵達的卡嗒聲並不會重複出現，取而代之的，這個電磁回音會持續一陣，音調也會逐漸降低。

6.32　閃電　　　　♀放電 ♀電場 ♀電位

閃電是日常生活常見的景象，又這麼美麗，讓大家都忽略了觀看它時的危險。因此在我們在討論閃電的一些奇怪、似是而非的特性之前，讓我先來問你幾個問題。在閃電的放電過程裡至少有兩次電擊，通常會先有「導閃」（leader），然後是「回閃」（return），你見到的是哪一個？為什麼不會兩個都看見呢？（如果你在下雨的夜晚開車，多次閃光的閃電，會使你看到好幾個雨刷的頻閃影像。）你怎麼看見的？你為什麼能看到閃電的可見光呢？

閃電是向下或向上擊？為什麼它會歪來歪去呢？閃電裡約有多少電流？有多亮？你看見的閃光約有多寬？是一百公尺、幾公尺還是幾公釐？閃光能持續多久？是幾秒鐘、幾毫秒或是幾微秒？

6.32

正常雷擊時，雲裡電荷的分布是這樣的：底部有少量的正電荷，在中央偏下的部分有大量的負電荷；頂端又有大量的正電荷。放電是由底端和中央偏低的位置開始的，會把電子帶到雲的底端。這種由底部開始的放電起因於「步進導閃」（stepped leader），每次向下跳躍約50公尺，然後停頓約50微秒（ μs=10⁻⁶秒），接著再往下跳躍。每次電子都是由雲裡往下放到閃電底端，而只有導閃的下端才看得見，但因為放電及跳躍的過程非常快速，會感覺整個雷擊的過程都是明亮的。導閃的路線之所以彎彎曲曲，是因為向下的閃電路徑會被空氣中聚集的正電荷所分離，因此，若空氣中的正電荷區很強，導閃甚至會呈水平路線。

當導閃接近地面時，靠近尖銳點的電場夠強，會發生絕緣破壞（electrical breakdown）的現象，產生帶正電的回閃，向上擊與導閃會合。當帶負電的導閃與回閃的正電荷中和時，會合點會出奇地明亮，電子也會被帶入地面。高發光度（luminosity）的區域和電流會向上傳至導閃，直到抵達雲端。但觀察者無法鑑別這樣快速的運動，只會看到一連串的連續明亮閃電。導閃向下電擊的時間約20毫秒，而回閃只需100微秒。閃電的亮光來自導閃的中心，核心區域的寬度可能只有幾公分。

6.33　地球的電場　　　♀放電 ♀電場 ♀電位

有個大問題是：到底爲什麼會有閃電呢？地表與雲層之間的電場是怎麼來的？在戶外，從你的腳到鼻尖，大約就有200伏特的電位差，你爲什麼不會被電到？這種電場能驅動馬達嗎？在某些情況下的確可以！

6.33

地球的電場是存在於帶負電荷的地表與帶正電荷的大氣之間，由於宇宙線和地球的天然放射性持續使空氣分子游離，電場在5分鐘之內或更短的時間就會放電。有些游離的電子會向上跑到大氣上層、離地約50公里的高空，這兒的傳導性（conductivity）非常好，因此大氣圈基本上是個球形的導體。向上跑的電子會中和這個帶正電的導體，同樣的，部分游離出來的正離子也會下降到帶負電的地表上，把部分負電中和掉。全球因游離產生的電流約有1800安培，因此地表和上方的大氣應當需要幾分鐘來放電。然而，並沒有這樣的放電現象，因為全球的閃電活動正持續地把電子導入地面。

從你鼻子到腳之間的高度，可能就有200伏特的電位差，但身體本身是個良導體，因此全身的電位基本上是一樣的，也就是說，身體裡並沒有什麼電位差。

6.34　閃電形式

♀放電 ♀電場 ♀電位

閃電的形式不是只由雲對地
面放電，另有一種雲對空氣
的放電，閃電會消失在半空
中（上圖）。

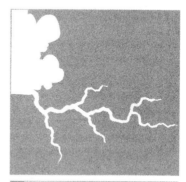

如果雲的位置太遠看不見，
你可能會被這種「晴天霹靂」
嚇到。在某些情況下，閃電
彼此平行，像一條由雲間垂
下的彩帶，稱為「帶狀閃電」
（ribbon lightning，中圖）。

但最刺激的，可能要數「珠
狀閃電」（bead lightning，
下圖），它像一連串發亮的
珠子，繫在彎曲的閃電上。
在這些例子裡，是什麼原因
引起閃電？它們為什麼長這
個樣子？在雲對空氣的放電
中，電流跑到哪裡去了？

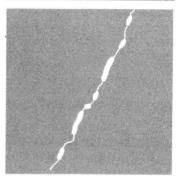

Answer

6.34

雲對空氣的放電會消失在空氣裡的正電荷集中區。

至於帶狀閃電是當風很強時，一個以上的導閃和回閃在雲和地面之間來回，強風將游離的閃電移動一段明顯的距離所造成的。

而珠狀閃電的成因則尚未十分明瞭。它有時可能發生在閃電部分被雨遮蔽的時候，使得觀察者不會被閃光蒙蔽了視線。而當光亮消失後，這些被遮蔽部分的閃電會在觀察者的視線中留存稍久，是因為這部分的閃電連續出現，在視線中產生了大量光線。然而，光亮的珠狀閃電也可能會由於不同的原因而出現。

6.35　球型閃電　　　♀放電 ♀電場 ♀電位

物理上最有爭議的話題之一就是球狀閃電（ball lightning）是否存在。儘管有許多人見到過，也有許多關於它的文獻發表，這項爭論卻持續不斷。地球上或許有5%的人見過它，但許多人還是堅持這只是一種幻覺，是強烈閃光的留像（afterimage）。

據說這種明亮、安靜的球形閃電會在空氣中飄浮或緩慢跳動幾秒鐘。它穿過窗玻璃時，有時不造成任何破壞；有時玻璃卻會粉碎。它出現在戶外，也曾出現在各式各樣的結構物裡（甚至是金屬機艙）。雖然它通常很安靜，但消失時也會發出爆烈聲。最後，球形閃電足以致命。里奇曼（G. W. Richmann）在重複富蘭克林（Benjamin Franklin, 1706 - 1790，美國開國元勳，證明閃電是電的某種形式）做過的風箏實驗時，顯然成為一名犧牲者（參見 **6.39**）。一個拳頭大小的淡藍色火球，離開實驗室裡的避雷針，安靜地飄到里奇曼的臉上，然後爆開來。里奇曼的前額上有個紅斑，其中一隻鞋上還有兩個小洞，他倒臥在地板上，斷了氣。

在看過很多球形閃電的敘述後，你能指出其中正確的可能性嗎？你能推論出其他的解釋，或認為它只是一種幻覺？

Answer

6.35

球形閃電的特性仍在研究，而這裡提出的任何說明或許很快就會被推翻了。目前最好的解釋是，這種球可能是個離子體球，從外部的電磁波獲得能量。有些雷雨、閃電或尖端放電會引起空氣或蒸氣的游離（若金屬導體被敲擊到的話），而游離氣體仍是完整的，因為它大體說來還是維持電中性，但會成長到某個平衡後的大小，這是由於吸收來自天然無線電波的能量的關係。這種無線電波會在強烈的電暴（electrical storm）發生時，在雲或地面上生成。球的周圍會對無線電波施壓，產生駐波，球就由駐波的波腹吸收能量。

球的這種外在能量的來源令人感到有趣，因為球形閃電能維持這麼久的發光度實在很難解釋。若光亮只是來自內部的能源，我們可以把一個核反應形成的火球縮小規模，到相當於球形閃電的大小，看看它的內能上限是多少；如果是這樣，則火球光輝就不會持續超過0.01秒，而不是像一般所說的好幾秒。

6.36 氫彈閃電　　　　　♀放電 ♀電場 ♀電位

閃電光芒也曾在一個災難事件中，被拍照下來，就是 1952
年在安尼威塔克環礁上的核彈試爆，一千萬噸級氫彈產生的
火球旁，發現有幾道閃光。

閃電由海平面向上延伸，而其分枝也向上竄去。當火球擴張
到原先出現閃電的地方時（那時閃電已經不見了），在火球
的背景下，可再次看見原來閃電的歪曲路徑。閃電的電荷累
積一定非常快速，但它真正的原因還不十分明瞭。你能提些
可能的答案嗎？你能解釋為什麼閃電路徑在火球的背景下會
再次被看見嗎？

📖 安尼威塔克環礁（Enewetak Atoll，也拼成 Eniwetok），位在西太平
　洋勞利克群島（Ralik chain）的西北端，隸屬美國管轄。

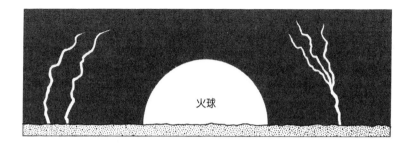

火球

6.36

氫彈爆炸伴生的閃電，是來自爆炸產生的伽瑪射線（gamma ray, γ ）把空氣分子的電子散射所製造的電荷。

導閃顯然是由靠近地面的媒介結構向上傳播，和正常導閃（見 **6.32**）的向下放電正好相反，有人曾發現，它是以地面上的高建築物為起點，如美國帝國大廈。而由於導閃向上放電，其分枝當然也是向上的。

6.37　火山閃電　　　　　　♀放電 ♀電場 ♀電位

1963年冰島附近海面的一次火山爆發，猛然生成了一座新的小島——叙爾特塞（Surtsey），在深暗的火山雲（volcanic cloud）間，出現舞動著的光亮閃電。

什麼提供了閃電所需要的大量電荷？有一個可能的機制，就是海水拍擊火山熔岩。這如何能產生電荷？

6.38　地震閃電　　　　　　♀放電 ♀電場 ♀電位

地震會產生閃電放電嗎？日本人認為，若晴空中出現閃電，就是地震即將發生的信號。的確，發生地震的地方以及其他地方，有時會發生正常閃電和球形閃電。為什麼這兩個現象會有關連？

6.37

熾熱的火山熔岩湧入海裡時，會產生帶正電的水蒸氣向上蒸
發。等到足夠的電荷分離之後，水蒸氣雲會放電回海洋，讓
電子經過游離柱（ionization column）向上跑。向上跑的電
子流和正常閃電的情況正好相反（見 **6.32**）。

6.38

地震和閃電間的關係目前還不十分清楚，有人認為當地震波
在地表或深層的岩石裡傳播時產生的壓電場（piezoelectric
field）是造成閃電的原因。（壓電效應裡，當物質放在有應
力作用的地方時，物質本身會產生壓電場，錄音機裡所用的
鑽石，就是壓電晶體（piezoelectric crystal）的一個例子，
電場會在壓電晶體和錄音帶凹槽接觸時產生。）或許這種電
場強度足夠引起地表的大氣放電，但有關的細節以及證明至
今仍付之闕如。

6.39　富蘭克林的風箏　　　♀放電 ♀電場 ♀電位

你可能在小學時就聽過富蘭克林的風箏實驗，但你知道富蘭克林實驗的各個小細節嗎？為什麼他沒被電死？下面是富蘭克林寫給朋友的信，說明了實驗的細節：

「在風箏十字骨架的垂直枝條上端，固定了一條很尖的鐵絲，大約有 1 英尺長。至於手拉著的麻繩，在底端綁了一條絲帶，而在麻繩與絲帶之間綁了一把鑰匙。當感覺有雷雨要來時，就把風箏升到天空，但放風箏的人必須站在屋內或窗內，至少要站在雨棚下，讓絲帶不會溼；另外也要注意，就是繫風箏的麻繩不要碰到門或窗子的邊緣。

當雷雨雲飄到風箏上方時，尖鐵絲會把雲裡的電荷吸引過來，風箏和麻繩將被充電，而麻繩裡鬆散的細絲會豎起來，且會被接近的手指吸引。等到風箏與麻繩被雨淋溼後，會自由導出電光來，因此風箏充滿著電，若你把金屬鑰匙靠近自己的指關節時就會發現。若把鑰匙放進小玻璃瓶裡（早期的電容器形式），由於鑰匙充電，會點燃瓶裡的酒精，也可以進行其他的電荷實驗。這些實驗通常都是利用摩擦球體或管子來進行，因此相同的電特性可以完全由閃電示範出來。」

爲什麼富蘭克林要在風箏的頂端綁根尖尖的鐵絲？爲什麼在
手和鑰匙之間要繫一條絲帶？爲什麼麻繩會被手指吸引？爲
什麼鬆散的繫絲會豎起來？當他的指關節接近鑰匙時，他看
見的光是由什麼造成的？爲何富蘭克林沒有被電死？若眞有
閃電擊中風箏或麻繩，他能倖免嗎？

歐洲的里奇曼想重複富蘭克林的實驗，卻送了命（見
6.35），因此就算採取了富蘭克林提過的預防措施，也不要
輕易嘗試！

6.40 避雷針

♀放電 ♀電場 ♀電位

祖母家的避雷針很尖,立在屋頂上高出屋頂數英尺,並且也有幾英尺埋在地下。避雷針為什麼要這樣裝?它的真正作用是什麼?自從富蘭克林發明了避雷針以來,關於這些問題有許多爭辯。有人認為當雲飄過避雷針的上方時,有助於雲間電荷的釋出,因此可避免電荷過度累積釀成災難。另外,則人認為它只是為附近的雷擊提供一條安全的接地路線。

對於避雷針的功能與裝置,也有許多誤解和爭論。在避雷針剛被使用時,有人就強烈主張它的頂端應該是個金屬圓柄,甚至該用個玻璃柄。對於的避雷針底端,也有頗具說服力的主張,認為應該只附著在土壤表面,因為若電擊真的被引入深層溼地裡,可能會產生爆炸。有家公司還在避雷針頂嵌入放射性物質,這個放射源能幫助附近的空氣游離,進一步引誘電擊,而不只是被動地保護建築物。放射性物質真的有幫助嗎?

6.39

尖尖的鐵絲是為了要提供夠強的電場,吸引足夠的電流,好讓富蘭克林做實驗。(物體的形狀愈尖,它周圍的電場愈強。)絲帶則是他自己和溼麻繩導體間的絕緣物。鑰匙有幾個較尖銳的角,讓從麻繩下來的電流,在鑰匙的尖端處放出可見的電光。通常,圖畫裡的富蘭克林是在暴風雨外加閃電裡放風箏,他可沒這麼笨!若閃電真的打中風箏,一定會毀了風箏、麻繩,甚至殺了富蘭克林,儘管有條小絲帶在那兒。事實上,富蘭克林是在暴風雨要開始肆虐前做實驗的。

6.40

避雷針的目的是為從天而降的電流提供一條直通地底的安全通路。針尖附近會有很高的電場,會引發一條往上的電流,好與向下傳播的導閃會合(**6.32**)。兩者一旦相會,電子流會從游離的空氣,進入避雷針再導入地下,因此裝有避雷針的建築被雷擊中的機會就降低了。避雷針無法讓從上方飄過的雲放電而避雷,因為這樣的放電太慢了。避雷針頂端裝放射性物質並沒有什麼用,反倒是閃電若擊碎了放射源的話,是很危險的。

6.41　雷擊與樹　　　　　　♀放電 ♀電場 ♀電位

傳說中，雷專挑橡樹來劈。事實上，被雷擊倒的樹的確有很大的比例是橡樹，但實在很難相信，雷擊區分得出橡樹或其他樹的差異。那麼為什麼橡樹比較容易遭雷擊？到底雷是怎麼讓樹爆開的？當然並不是所有的雷擊都會使樹爆開。例如奧維爾（R. E. Orville）曾公布一張精彩的照片，一棵歐洲白楊直接被雷擊中，但在後來幾天的詳細檢查發現，樹上完全沒有留下任何被雷擊過的痕跡。

雷擊如何引發森林火災？為什麼森林區的雷擊不一定都會引起火災？

6.42　雷擊飛機　　　　　　♀放電 ♀電場 ♀電位

雷常常打到飛機，但除了可能在機身上留下幾個小洞之外，很少造成什麼傷害。汽車、巴士之類的交通工具也有這種損害免疫性。阿波羅12號（Apollo 12）太空船在升空後不久，便受到兩次雷擊，但顯然對太空船本身和裡面的太空人都沒什麼損傷。在這些例子裡，為什麼雷擊對交通工具和乘客都無害？事實上，裡面的乘客甚至不知道自己剛受到雷擊。

Answer

6.41

如果樹身全溼透了，電流會流經樹表覆蓋的水層至地下，樹則安然無恙。如果不是這樣，電流可能進入樹身，沿著樹汁往下流，樹汁被迅速加熱、膨脹，可能使樹爆開來。橡樹比很多其他的樹更容易爆開，因爲它的樹皮很粗糙。若閃電在雷雨下不久就發生，橡樹的頂端溼了，下面的樹身卻還是乾的，但表皮平滑的樹早已整棵都溼到底了。因此在同樣的環境下，橡樹可能被閃電爆開，別的樹卻完好如初。

閃電會引起森林火災，是因爲在主要閃電路徑之間（也就是在第一個回閃和接下來的多次閃電之間）發生了連續電流。因爲這種連續電流不會總是存在，所以並非所有擊中樹木的閃電都會使樹著火。

6.42

雷擊的高頻電流無法穿透汽車、飛機之類的金屬外殼，但卻會留在金屬表面。除了打穿燃料箱會引起爆炸之外，在金屬交通工具之內的乘客甚至可能不知道自己受到了雷擊。

📖 較有警覺性的飛機乘客，若注意機翼尖端或尖銳物體的話，可能會預見聖厄耳莫火（St. Elmo's fire，見 **6.46**）造成的閃電。發亮的流光約有10或15英尺長，半英尺寬。

6.43 雷後暴雨

♀放電 ♀電場 ♀電位

也許你曾注意到，在大雷雨中，閃電一擊過，就會有暴雨（gush）發生，或頭髮會豎起來。這種暴雨和打雷有關係嗎？或純屬巧合？

6.44 脫衣服

♀放電 ♀電場 ♀電位

如果你被雷打到時，衣服和鞋子被雷擊「剝掉」的話，你可能毫髮無傷，為什麼？

6.43

雲中的水滴有時候會部分懸浮在局部的電場裡。閃電發生後可能會減弱這些電場，造成增多的水滴突然落下，也就是所謂的暴雨。之後電場重新增強，降雨會稍稍減緩。

6.44

你皮膚上水分因雷擊而迅速蒸發及膨脹後，會把你的衣服及鞋子「爆開」。假使進入你身體的電流很少，你可能毫髮無損。

6.45　雷擊時的地面電場　　♀放電 ♀電場 ♀電位

若碰上大雷雨，你不能躲在樹下避雨，也不要讓你的頭部高過附近的物體。樹為什麼危險？只要你站得遠離樹幹，就夠安全嗎？

你該不該躺下來？這樣姿勢會最低，但躺下來是否會有別的危險？像牛一類的家畜常被雷打死或擊傷，不只是因為牠們常在戶外活動，會到樹下躲雨，同時由於牠們的前腿與後腿分開，增加了雷擊時的危險性。牠們的情況就好比一個躺下的人，為什麼這樣會危險呢？

為什麼閃電擊到其他的東西，牛卻會被電死呢？

6.45

當電流流到地面後會散開，部分沿地面水平前進。如果牛像圖中那樣站立，部分地面電流會由牛的前腿進入，再由後腿出來，把牛電死。

若你在曠野中碰上雷雨，不應該躺下來。如果雷就打在你附近，而你躺著，則你頭與腳之間的電位差，可能會吸引部分電流進入你的身體，電流的流量足以致命。既然站著、躺著都不好，最好的姿勢就是蹲下，這樣你的頭很低而和地面接觸的面積又最小。接觸面積愈小，從接觸面的一邊到另一邊的電位差就愈小，流進體內的地面電流也最少。

6.46　聖厄耳莫火

聖厄耳莫火（St. Elmo's fire）是一種相當持續、明亮的放電現象，常出現於船的桅桿頂、飛機機翼尖端或樹叢頂端。它發出藍、綠或紫色的光，還拌隨一種滋滋的雜音。首先，你知道是什麼在發光嗎？再者，為什麼有那些特別的顏色？

「有個愛耍寶的高山嚮導，當感覺到空氣中似乎充滿電荷時，就舉起冰斧在大家的頭上揮舞，模仿雷神（Thor，北歐神話中專管雷、戰爭和農業的神）。冰斧的金屬部分引發一連串和電有關的現象，令人印象深刻。一把地質鎚有時在某個位置上會引起熾熱的電火花，但若將鎚頭的轉90°敲在先前的位置上，火花就消失了……他們通常舉起一根手指超過頭頂，以便偵測空氣裡是否充滿電荷。如果是的話，指尖會產生火星，並且發出煎香腸的滋滋聲。」

——摘自艾夫斯（R. L. Ives）的〈落磯山脈的天氣現象〉

（Weather Phenomena of the Colorado Rockies），

《富蘭克林研究所期刊》（*Journal of Franklin Institute*, Vol.226, p.691, 1938）

另外一個例子是電火花，在外觀上有些不同。在雷雨時，沙丘的頂端會出現有幾公尺長的電火花。在這例子裡，吹起來的沙對火花必定有影響，但如何影響呢？

6.47　雷擊的倖存者　　　　　　　♀放電 ♀電場 ♀電位

有很多人都在直接或間接遭到雷擊後倖存下來，甚至有幾個例子，遭雷擊的人已停止呼吸，但經過一段時間，約20分鐘左右，又搶救回來，且完全康復，大腦完全沒有被雷擊或缺氧的損傷。

有人認為這樣的雷擊會暫時改變大腦的需氧量。在這些例子裡，受害者不是會被嚴重燒傷且心臟停止嗎？有多少能量（或功率）會施加在受害者身上？

6.48　安地斯輝　　　　　　　　♀放電 ♀電場 ♀電位

在某些山脈的峰頂上，有時可以見到單一的閃光或持續的光輝。有人形容它「不只是籠罩著山峰，有時會產生很壯觀的光束，在海外數英里遠都看得見。」這種神秘的光通常稱為安地斯輝（Andes glow），當然它不只限於安地斯山脈才有。是什麼造成這種光輝？是山峰上的許多尖點產生的聖厄耳莫火嗎？聖厄耳莫火通常只有幾公分長，怎麼可能在幾英里外還看得見？

6.49　電風車　　　　♀放電 ♀電場 ♀電位

偶爾會在上物理課時看到一種表演，就是用高壓直流電轉動的針輪。這種裝置會轉動的原因，在過去兩百年裡一直爭論不休，但近來卻被大家忽略。

針輪的轉動是因爲它擲出什麼東西或吸入什麼東西嗎？或者另有原因？它在眞空中或無塵的環境中能轉動嗎？爲什麼它放電的顏色與針輪的極性（polarity）有關？爲什麼末端要很尖銳？最後，在已知條件下，你能計算針輪轉多快嗎？

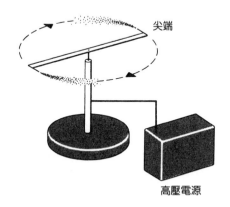

尖端

高壓電源

Answer

6.47

如果大量電流進入某人體內，他會嚴重體內燒傷而死；但若一個人全身溼透，閃電可能不會穿透他身體，大部分的電流會流經身體外表的水層。（被雷打中的溼樹，也可能毫無損傷，見 **6.41**）。此時這個人的呼吸與心臟可能因為電擊而停止，但若迅速施行人工呼吸，可以把他從鬼門關救回來。很多時候，被雷打到的人並不是直接被電到，而是被他旁邊、被雷直接打中的物體所碰到，或閃電的地面電流（**6.45**）給電到。有份資料指出，死於這樣的雷擊的人，大多數是由於搶救的人太早放棄急救所致。因此，對觸電者施行的急救，也應該用於被雷擊的傷患。

6.46 & 6.48

地面的聖厄耳莫火與安地斯輝兩者，都是環形放電（corona discharge）的例子，起因是圍繞著物體的電場非常強，特別是尖銳的物體，電場強到足夠產生放電現象。安地斯輝是一種很強的電暈（corona），目前所知不多。聖厄耳莫火也發生在雨中或雪中的飛機上，因為機身會充電（見 **6.7**、**6.8** 與 **6.14**）。

6.50　電力線的煩惱　　　♀放電 ♀電場 ♀電位

為了更有效地輸送電力，有些公司就使用超高壓的輸電線
（76萬5仟伏特）。這種輸電線對整體而言當然是有利的，但
電力公司卻會擔心住在線路附近的居民。令人不安的是，電
線常放出一種藍光，並會使沒有打開的螢光燈也神秘地亮起
來。然而，更恐怖的是，很多人都說在接觸到高壓電線附近
的金屬物體時，被觸了電。

「最近的調查發現，在俄亥俄電力公司裝配的輸電線附近，
有18戶人家聲稱曾經被農機車、鐵絲圍籬或甚至溼的晒衣
繩電到。兩位婦女在上廁所時觸電。還有人抱怨電視收訊不
良及聽到放電的嘶嘶聲。拉格爾斯（C.B. Ruggles）的農場
正好被輸電線一分為二，他說：『我發誓，我們好像住在瀑
布附近。』」

——摘自〈漏電〉（Leaking Electricity），

《時代》（*Time*, Vol.102, p.87, 1973）

為什麼這種輸電線附近的物體會讓人觸電？我又聽說有人偷
偷在輸電線旁邊埋下天線，用它來運轉馬達。可能用這樣的
方法得到電力嗎？

Answer

6.49

針輪的運動並非本身放出什麼或吸收什麼，而是由於針尖附近的空氣游離。一旦空氣在針尖附近的高壓電場中游離，離子和針尖會帶相同的電荷，因此產生斥力。不管針尖帶的電荷是正或負，游離與互斥都會發生。

6.50

交變高電壓（alternating high voltage）會在附近的金屬上產生交流電，若有人不小心碰到這些金屬物質，造成接地通路就會放電。

第 **7** 章

海象遺言和什錦糖果

7.1 幽浮的推進力

讓我們以物理定律重新思考不明飛行物體（UFO，俗稱幽浮）的可能性。近數十年來常有人聲稱見過幽浮，而且認爲它是智慧生物所控制的交通工具。例如說，思考一下幽浮的推進（propulsion）方法，在它降落或起飛的地點，從未發現局部的破壞痕跡。對於像太空船這樣的龐然大物，可能以任何化學或核動力做到這一點嗎？這些動力源含有多少能量？這種交通工具可能利用地球的電場或磁場嗎？若眞如此，可能的加速度是多少？有沒有高度限制？

在科幻小說裡最常提到的推進機制是重力屛蔽（gravitational shielding），威爾斯（H. G. Wells）很早就利用它把人送上月球。假設有件飛行器能很快地屛蔽地球重力場對它的作用，它會升空嗎？如果會，動得有多快？特別是，它能飛得像一般人聲稱所看到的幽浮那麼快嗎？

Answer

7.1

當然，和外太空文明通訊的可能性非常迷人，但我們還是應該懷疑偶有人自稱看見「飛碟」的說法；至少根據人類所發展的基本物理，到目前為止，我們仍持懷疑的態度。在很多目擊事件的陳述中，如果陳述的都是事實，則顯然違反物理定律，而所謂「重力屏蔽」的說法也站不住腳。如果確如威爾的科幻小說所描述，一艘太空船能屏蔽地球的重力，卻仍受到月球的引力的話，它的加速度會非常非常小，大約是地球表面自由落體加速度的百萬分之一。

此外，反重力或重力屏蔽的想法，完全沒有根據，甚至在理論上，也有可能違反近代物理。

7.2　侵入處女地

當羅克珊娜要嫁給西哈諾時，惹人厭的德吉奇正要去她家搗蛋。西哈諾利用有史以來最不可思議的物理理論，想將德吉奇引開。他從樹上突然跳下，擋住德吉奇的路，並發誓說，自己剛從月球上掉下來。

西哈諾：「月球，從月球，我剛從月球上掉下來！」
德吉奇：「這傢伙瘋了。」
西哈諾（很快地說）：「你想知道我上月球的神秘方法嗎？……我發現不只一種方法，而有六種，有六種方法可以入侵太空。」

（德吉奇繞過他，繼續往羅克珊娜的家門口走去。西哈諾跟在後面，預備必要時強行阻止。）

德吉奇（回過頭）：「六種？」
西哈諾（繼續喋喋不休）：「例如，脫光衣服，像根蠟燭一樣，在身上貼滿裝著晨露的水晶玻璃瓶，當太陽上升喝下晨露後，我就會跟著升上去。」
德吉奇（向西哈諾靠近一步）：「不錯，這是一種方法。」
西哈諾（退幾步，把他引離門口，愈說愈快）：「或是，將空氣密封在西洋杉木箱子裡，用一個放在二十面體裡的鏡子來純化箱子裡的空氣。」

德吉奇（又靠近一步）：「第二種。」

西哈諾（繼續後退）：「再來，做一隻像蚱蜢一樣的火箭，後面用惡毒的硝石（saltpetre）推進，一跳一跳的升空。」

德吉奇（不禁發生興趣，用手指計數）：「第三種。」

西哈諾（同樣的動作）：「又或者，煙有自然上升的特性，把它們裝在汽球裡就能帶我升空。」

德吉奇（繼續數著，但愈來愈吃驚）：「四！」

西哈諾：「或如同古老寓言裡的黛安娜所做的，抽出公牛和山羊的骨髓，裝在她的新月型號角裡。我也用同樣的儀式。」

德吉奇（似乎被催眠了）：「五！」

西哈諾（這次橫過對街，走到一張長凳旁邊）：「最後，我坐在一張鐵椅子上，把一塊磁鐵拋入空中，鐵椅子就會被吸上去。我接住磁鐵再往上拋，這樣一次又一次，我肯定會離地面愈來愈遠。」

德吉奇：「六！棒極了，你用哪一種方法？」

西哈諾（一附擺酷的樣子）：「都不用，我用第七種方法。利用海洋！…在滿月的日子，海水會往月球的方向前進，我只要躺在淺灘，讓浪花把頭髮打溼，當滿月上升時，月光把我的溼頭髮慢慢拉上去，我就像躺在天使的翅膀上，毫不費力地飄上天。」

—— 摘自《西哈諾・德貝傑哈克》（Cyrano de Bergerac），
羅斯坦德（Edmond Rostand）原著，胡克（Brian Hooker）譯

高菲狗漫畫「Victory Vehicles」　　　　　　　　　© Walt Disney Prod.

7.3　歐貝爾斯弔詭　　　　　　　　　　🔍宇宙學

有些人認為宇宙是無限大的，而且包含無限多個恆星。歐貝
爾斯弔詭（Olbers' paradox）說的是「如果宇宙有無限大，
而且有無限多的恆星均勻分布，則天空應該到處都是星光熠
熠。」當然，遠方恆星的亮度比鄰近的恆星暗，但若恆星均
勻分布，距地球愈遠恆星的數目愈多，則正好可以補償亮度
因距離影響而減弱的效應。因此，不同遠近的天空，來自四
面八方的恆星總亮度應該相同。恆星的數目有無限多，夜晚
的天空應該是被恆星均勻照射而明亮的，但相反的，為什麼
夜空相對地暗呢？

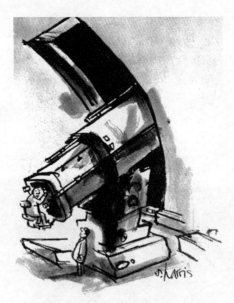

「我不太確定，但它看起來無窮遠！」

7.4　夜光雲　　　　♀大氣物理 ♀重力波

在高緯度地區，夏天日落後不久，夜空中可能會出現銀藍色、鬼影似的雲，稱爲夜光雲（noctilucent cloud），而它出現的原因仍有高度爭議。

夜光雲可能和大氣圈外的灰塵進入大氣層有關，但這點還無法證明。爲何只有在日落後才看得見它？既然它在天空暗下來後才出現，那麼它約有多高呢？爲何它只出現在夏天的高緯度地區？爲什麼它常以波紋的形式出現，看起來像海面似的？

7.3

爲了解決這個自相矛盾的詭論，有許多論述發表，從限制宇宙的範圍在有限的半徑之內，到遠方恆星發光的紅移效應影響甚劇。（紅移是光源遠離觀測者的一種光的都卜勒效應，它和聲音的都卜勒效應類似，可參見第 II 冊 **4.65**。）有一種說法可能是最好的：天空的明亮並不是由於光的關係，因爲「假設宇宙中所有恆星皆同時放光」這理論是不正確的。一般恆星的壽命大約是 10^{10} 年，儘管這段壽命看起來很長，但和宇宙要達到熱平衡所需要的 10^{24} 年相比，仍屬電光石火般短暫。換句話說，恆星在壽命期間發出來的光，對照亮與其他恆星之間的空間所需要的光而言，是非常非常微弱的。

7.4

關於夜光雲的本質仍在爭論中，但它很可能是中氣層頂（mesopause）中凝結並冰凍在塵粒上的水珠。這個區域的高度約 90 公里，溫度較低。這些塵粒可能是宇宙塵（星狀塵）、彗星塵（就是彗星通過太陽附近時，被太陽風吹出來的塵粒）或來自小行星帶的塵埃。因爲夜光雲很黯淡所以只有在日落後才看得見。太陽下山後，地面上的觀測者陷入昏暗中，而它的位置很高，還能被陽光照到。至於波紋結構是因爲大氣的重力波經過的緣故，空氣的密度與溫度會有週期性的變動。

7.5　探水術　　　　　♀大氣物理 ♀重力波

有些人聲稱，自己可以帶
著分叉的樹枝、手杖或類
似的東西，在地面走動而
定出地下水的位置。當他
站在地下水的正上方時，
杖頭會下傾，指示出地下
水來。這個占卜探水術有
很大的爭議，雖然有許多
成功的實例，但卻完全缺
乏物理學上的解釋。到底

是什麼力可能影響探水杖或持杖的人？有沒有任何線索，甚
至是潛意識的，使探水杖在有水的地方下傾？

7.6　雪波　　　　　♀激震波 ♀能量傳遞

雪地上的一個腳步，可能會產生雪震（snowquake）由原地
傳播出去，造成雪平面下降並發出沙沙的聲音。如果這種擾
動發生在荒野，則會反射回原點，也聽得到反射波的沙沙
聲。什麼原因使雪震傳播？速率怎麼決定？為什麼它通過後
雪平面會降低並產生沙沙聲？最後，為什麼荒野會反射雪
震？

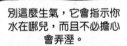

別這麼生氣，它會指示你
水在哪兒，而且不必擔心
會弄溼。

來，拿去吧，
試試看就知道。

ZIP

AAARRGGHH

7.5

對於這個問題我沒有答案，文獻也無助於解決這項爭議。有
關占卜探水術的成功統計資料並沒有說服力，屬於統計意義
上的邊緣，只會使原來相信它的人仍舊相信，但不信的人還
是不信。除非有很詳盡的實驗資料出現，而且有明顯的信號
顯示，否則這種探水術只會繼續爭論下去。例如說，探水人
在潛意識裡能測到地下水流動所發出的非常微弱的電磁雜
訊，則靈敏的儀器應該也測能得到這種信號，才能和探水的
成功產生關連。

7.6

結構較脆弱的一層白霜（hoarfrost）上的雪，若不斷地移
動、坍塌，可能會產生雪波（snow wave）。有些崩落事件
可能也是由於相同的情況所引起的（參見第 II 冊 **3.48**）。

7.7　定點定理　　　　　　　　　🔍激震波 🔍能量傳遞

如果你攪拌一杯咖啡，然後讓它慢慢靜止下來，那麼咖啡表面上至少會有一點回到它原先的位置。（攪拌要輕柔，沒有咖啡濺出來才行。）如果你把書裡的這頁撕下來，儘管地摺，再把它揉成一團，然後把揉過的紙團丟回書上，則最少會有一點直接落在它原來位置的正上方，這就是定點定理（fixed-point theorem）。這兩個例子裡，為什麼那麼篤定一定會如此呢？

7.8　蛋白的攪拌和加熱　　　　🔍激震波 🔍能量傳遞

為什麼生蛋白攪拌之後會由液體變成厚厚的泡沫。例如說在做蛋糕的時候，要把蛋白打得讓它可以變得尖尖的（當打蛋器拿開時，蛋白不再流動，會拉起尖尖的一撮）。為什麼攪拌過的蛋白會變「硬」？

同樣的，蛋白的轉型有何物理原因嗎？比如說蛋在煎過之後，會從原來無色、透明的液體變成白色不透明的固體。

7.9 大躍而下　　　　　　　♀激震波 ♀能量傳遞

中華人民共和國突發奇想，要創出一種新型武器——地質武
器。要求全國13億人同時由 $6\frac{1}{2}$ 英尺高的平台上跳下來，
這會對地球產生一個激震波（shock wave）。藉著一次次的
跳躍，激震波穿越中國，中國人再繼續增強這些震波，便可
以達到摧毀美國部分地區的能量，尤其是加州，它本來就已
經飽受地震的威脅。

這種激震波是以什麼路徑穿過地球？中國人要用什麼頻率跳
躍可以使震波放大，又每次跳躍會添加多少能量？其他的國
家有沒有什麼方法可以對抗這種地質武器，例如像下圖一樣
採用某種適當的報復性跳躍？跳躍的方式有沒有影響？比如
說保持膝蓋僵硬地跳，因為跳躍時若彎曲膝蓋，傳授給大地
的能量就少得多。真的是這樣嗎？

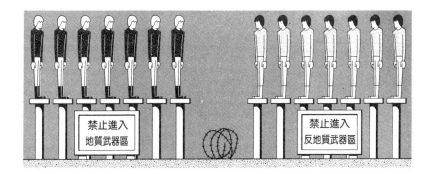

禁止進入
地質武器區

禁止進入
反地質武器區

Answer

7.7

此題無解答，何不自己動腦實驗看看呢？☺

7.8

蛋白裡的蛋白質分子本來是像義大利麵條那樣纏繞在一起的。攪拌或加熱會使蛋白質分子解開纏繞，然後這些長分子會互相吸引，組成比較堅實的結構。

7·9

這個問題純屬虛構，只是爲了好玩而已。史東（David Stone）曾計算過若中國人眞的這樣跳，大概可以產生芮氏地震規模（Richter magnitude）4.5級左右的地震。

這種跳躍當然會對中國大陸造成部分毀壞，但如果表面波被共振放大的話，也可能對別的地方造成損害。爲了產生共振，全中國人每53或54分鐘就要跳一次，這是表面波環繞地球一圈所需要的時間。而爲了保護自己，被列爲攻擊目標的國家也必須組織另外的跳躍對策，產生的震波正好抵消從中國來的震波。又因爲其他國家的人口數不如中國多，跳躍的高度必須依比例提高。

有位《時代》雜誌的讀者投書指出，若膝蓋伸直地跳，會賦予大地較多的能量。這我並不十分清楚，但對我來說，膝蓋伸不伸直好像沒什麼關係，因爲跳躍賦予大地的能量基本上是一種重力位能，而兩者間好像沒什麼區別。但不管他的說法是否正確，他指出「這種共振波並不會產生，…因爲這種膝蓋伸直的跳躍動作，會使人受傷，所以唯一的武器便是由13億人同時發出的震耳欲聾的哀號聲。」（*Time*, Vol.94, p.60, 1969）

7.10　拉出膠帶　　　　　　　💡透明膠帶的流變學 💡應力

膠帶在應用的時候，不管是什麼物體，都不能真的「進入」
其表面，但它在撕開以前
卻保持很整體的感覺。這
種膠帶的附著部分是由於
撕開位置前緣的一條壓縮
線。如果你把兩條膠帶貼
在一起，然後慢慢地撕
開，這條壓縮線就清晰可
見。為什麼會有這條壓縮
線？

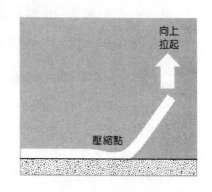

7.11　沙灘上的足跡　　　　　　　💡剪力 💡應力

你曾沿著海岸在沙灘上漫步嗎？當你站上堅實的沙地上，腳
丫子附近的沙會立刻「變乾」而轉白。這種轉白現象的通俗
說法是，沙裡的水受到你體重的擠壓而跑出來。但實情並非
如此，因為沙並不是海綿，不會有海綿受到擠壓時的行為。
那麼，沙為何會變白？是不是只要你一直站著，沙就一直維
持白白的狀態？

7.12　裝沙和水的汽球

♀ 應力

在橡膠汽球裡灌些沙和水，水比沙多些，使水能淹沒沙，但不要把汽球裝滿。接著把汽球口綁起來再用力擠壓。開始時的擠壓還相當容易，但若繼續擠壓，你會發現到了某個程度就無法再擠壓了，即使用盡全力也沒用。為什麼會發生這種突然無法再擠壓的情形？

7.13　買一袋玉米

♀ 應力

有些時候玉米是論袋賣而不是稱重量，因此買玉米的人都希望能把玉米塞得愈多愈好。因此兩袋看起來都鼓鼓的玉米，較誠實的商人那一袋裝的玉米可能多些。碰到這個問題，買玉米的人是否該壓壓袋子使它更實一些？玉米的體積會減少嗎？事實上，壓袋子是錯誤的方法，為什麼？

7.10

對於壓縮線，顯然還沒有完整的解釋，雖然有人猜測它是膠帶中間的那層黏著劑，流向撕離點所產生的。

7.11 ~ 7.13

這三種現象是一樣的，我會解釋第一題，但其他兩題請你們自己想想。雷諾茲（Osborne Reynolds, 1842-1912，*愛爾蘭流體物理學家*）在1885年已經解釋過沙灘的沙「變白」的原因，他指出當人站上沙灘時，沙會膨脹。

在未施壓前，沙粒會儘可能地密集靠在一起，而在腳踏上去產生剪力的情況下，會導致沙粒的排列變得較沒效率。換句話說，在受剪力之下，沙粒會被迫占據較多的體積。因此沙的表面會忽然上升，但水平面只能靠毛細現象改變，而這需要一點時間。因此，當站上沙灘之後，腳丫底下的沙會上升而離開水面，變得有點乾有點白，但不用多久，水就藉毛細作用上來了。

7.14　飛機裡的輻射強度　　♀宇宙線 ♀日焰 ♀粒子作用

對高空噴射機裡的乘客而言，日焰（solar flare）和星系輻射眞的危險嗎？當飛機起飛升空時，爲什麼在前 1500 英尺，輻射會降低，過了這個高度後，會隨高度上升而增加？如果是大氣圈外的輻射強度有明顯的變化，什麼原因引起這些變化？

7.15　太空人見到的閃光　　♀游離與激發 ♀契忍可夫輻射

登陸月球的太空人在太空中曾看到一種白色、星星似的閃光。它每分鐘出現一次或兩次，無論眼睛是張開或閉著都看得見。顯然閃光是宇宙線（cosmic ray）造成的，但是如何產生的呢？爲什麼太空人會看見點狀閃光（有時帶有模糊的尾巴），而不是整個視野裡都是亮光？在高空噴射機裡的乘客也看得見這種閃光嗎？

—— Answer

7.14

一些文獻指出，高空噴射機裡的輻射強度並不那麼值得憂慮。來自太陽的輻射主要是日焰的結果，這是可以偵測得到的。較嚴重的危險是來自銀河系的重原子核，在它旅程終點進入人體時，輻射的吸收劑量有可能高達 1000 雷得（rad，輻射吸收單位）。從事輻射相關工作的人員，每個星期輻射劑量的限值為 100 雷得，若把這個數字與 1000 雷得相比，就知道它多大了。（譯注：輻射工作人員的劑量限度是每年 5000 毫侖目，原書中的值並不正確。）不過在一般的飛行高度，重原子核的粒子通量只占太空中輻射的一小部分，總而言之並不是什麼嚴重的問題（但對防護不當的太空人而言較令人擔心）。雖然原宇宙粒子（primary cosmic particle）對飛機的乘員並沒有什麼危險，但目前對由原宇宙粒子產生的次級中子（secondary neutron）、低能質子（low-energy proton）與 α 粒子（α particle）等效應還不太清楚。

7.15

太空人看到的閃光，以及研究人員在加速的粒子束看到的閃光可能是由許多不同機制產生的。宇宙線的粒子或人造的粒子束都可能在眼裡產生契忍可夫輻射（Cerenkov radiation）的光，也可能直接刺激視網膜或使水晶體產生螢光。〔當粒子在物質裡的速度比光在這種物質裡的速度快時就會伴隨契忍可夫輻射。這種輻射會在粒子頂端形成一種船頭波（bow wave），就像超音速飛機激震波裡的船頭波。〕而有些光也可能和 **5.121** 討論的眼壓閃光有關。

7.16　美術館裡的X射線

🔍X射線、紫外光、紅外線與物質的作用

紫外線、紅外線和X射線常在美術館裡用來檢視油畫作品下面的原始畫作，如此可以追溯畫家對作品的修改過程，也可能找到失蹤的古老作品。這項技術也可以用來鑑定假畫。

有名的假畫仿製者馮梅赫倫（Hans van Meegeren）把畫作畫在沒有價值的老畫布上。我們藉著X射線技術便確定畫作是贗品。X射線分析技術證明馮梅赫倫是個騙子。

若紫外線、紅外線和X射線能和底層的畫作用，當然也能和表層的畫作用，那麼這兩層畫怎麼區分？

7.17 核爆火球 　　X射線、紫外光、紅外線與物質的作用

核爆的火球所產生的光究竟是怎麼造成的？也就是說，是什麼製造出光來？火球持續的時間有多久？是什麼讓它衰減的？最後，為什麼它起初是紅色或紅棕色，而最後變成白色？

7.18 《沙丘魔堡》裡的防護罩

X射線、紫外光、紅外線與物質的作用

《沙丘魔堡》（*Dune*）是赫伯特（Frank Herbert）所寫的經典科幻小說，書裡的人個個都穿著自己的防護罩，這種防護罩能建立某種「力場」（force field），它只讓運動得很慢的物體通過。因此，這件防護罩能保護你避免子彈或刀子的襲擊，但卻也讓你無法呼吸到新鮮空氣。這種防護罩以物理的觀點來看是可能的嗎？

Answer

7.16

利用 X 射線、紅外線或紫外線來鑑定多層的油畫作品之所以有分析能力，是因爲不同的顏料對它們的反應不同，而且對於畫上的不同材質，這些光線也有不同的反應。

例如說，用紅外線分析范愛克（Jan van Eyck，1390?-1441，法蘭德斯畫家）的名作「阿諾爾菲尼結婚肖像」（The Marriage of Arnolfini，現收藏於倫敦國家畫廊），發現了原作中的手稿：阿諾爾菲尼的右手本來是用炭筆畫在白粉的背景中，這部分草稿被完成之後的油畫作品完全蓋住。但在紅外線攝影裡，由於木炭比白粉會吸收大量的紅外線，因此炭筆畫的手就清晰浮現，在照片中呈現較深的顏色。

在紫外線下，不同的顏料會發出不同的螢光，眞跡的調包也可以用類似的方法偵測出來。

7.17

核爆時，部分粒子與電磁輻射的能量會立即被鄰近的空氣吸收。這些空氣分子被高度激發或游離，使在接下來的去激發（deexitation）或復合（recombination）時發出可見光。大約最初一半的爆炸能量是以機械能的形式釋放出來（並發展成激震波），三分之一是電磁輻射（包括紅外線、可見光、紫外線、X射線與伽瑪射線等），剩下的就是粒子輻射。激震波迅速壓縮空氣，把它加熱到白熾。火球表面在爆炸後的萬分之一秒內就可以達到 3×10^5 K 以上的溫度。等火球擴張、冷卻，最後激震波從火球散開，就不再產生白熾的現象了。

7.18

或許赫伯特心裡根本沒想到，物理上確實有類似防護罩這樣的東西。如果一塊金屬板在磁場裡擺動，就像金屬擺錘在馬蹄形磁鐵的兩極間擺動，金屬板的動能會以焦耳加熱（Joule heating）的形式轉移在金屬裡。這種動能的消失是當金屬擺過磁鐵時，由於磁場的改變會在金屬板裡產生感應電流。例如，當金屬板靠近磁極時，磁場會先變強，而當金屬板盪離磁場時又減弱下來，金屬板中電流生熱的方式就好像電爐裡電流加熱線圈一樣。金屬板原有的動能會逐漸變成熱能，最後終於停了下來。

7.19　摩擦　　　　　　　　　　🔍對祖母解釋材料科學

你能對我祖母解釋「摩擦」嗎？我不是指那些很複雜的想法，而是用一種簡單的模式。它是由於兩個不規則的表面互相卡住或「咬住」嗎？還是由於靜電力？分子力會產生局部的附著嗎？或是較硬的表面伸入較軟的表面，使它們黏在一起？這個題目這麼老、這麼平凡，又已經研究得這麼透徹，當然應該有比較簡單的解釋！

7.20　滑動的屋頂　　　　　　　　🔍對祖母解釋材料科學

在美國華盛頓特區的國家大教堂（National Cathedral）是模仿中世紀的英格蘭教堂所建造的。它的屋頂是鉛製的，這是因爲英國盛產鉛，很多教堂的屋頂都是鉛頂。很不幸的，國家大教堂的屋頂只耐了幾年，大家就發現美麗、細緻帶有特殊光澤的鉛屋頂無情地往下滑，釘子和扣板都脫開了。顯然這有兩個原因：華盛頓地區的緯度和現代鉛的高純度。爲什麼這兩個因素會使屋頂滑動？

7.21　裂開

🔎 對祖母解釋材料科學

鑽石切割術是一種讓晶體在很精確的狀態下裂開的技術，雕刻也要妥善控制材料的裂開情況。如果你切割過玻璃管，可能應用過一種技巧：先在玻璃管的一面切一道淺淺的刻痕，然後很快地折斷它，它就會沿刻痕斷開，這樣斷口就不會犬牙交錯。

裂口的走向如何決定？為什麼一旦有了裂口就會繼續裂下去？我可以用一點點的應力就把一片玻璃弄斷，而這應力遠比打斷原子鍵所需的力小，然而原子鍵就是斷開了。為什麼這麼小的力就能使原子和原子間的鍵結斷開？

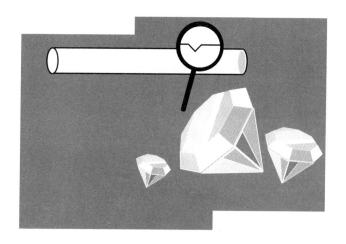

─────── Answer

7.19

近年來對摩擦力的研究使我們懷疑舊有的理論。以前認爲摩擦力全由於兩個接觸面不平整的緣故，現在卻認爲摩擦力主要是來自界面間的附著點（因分子引力的關係）。儘管如此，很多物理教科書還是把摩擦說成是兩個接觸面凹凸不平（還舉例成山丘與溪谷），互相卡住所造成的。

7.20

純鉛很柔軟，用指甲就可以切割。當大教堂的屋頂受到華盛頓的夏日艷陽曝晒時，溫度接近 80℃，足夠讓鉛受熱變軟，以自己的重量向下移動。不純的鉛較不容易變軟，因此後來重製的鉛頂是一種合金，含94%的鉛和6%的銻。歐洲教堂的鉛頂沒有這種問題。首先，它們的鉛不純，其次歐洲的夏天沒這麼熱。

7.22　鉻的腐蝕

對祖母解釋材料科學

你車體表面的鍍鉻會隨時間而腐蝕，雖然這個問題近來已很少發生了。當表層有缺陷時（如下圖），腐蝕就由此開始，因此，以前的汽車工程師總是盡力在車體上塗一層厚厚又連續的鉻層，儘量避免有缺陷產生。

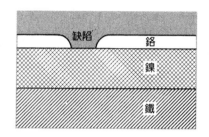

但車子在正常使用之下，總不免會有刮傷什麼的。後來有人發現，如果鉻層上布滿許多小缺陷的話，反而不太容易腐蝕，因此現在就在車體的鉻層上，刻意製造許多微小的缺陷。為什麼鉻層上有一個缺陷會引起腐蝕，但有很多缺陷反而不容易腐蝕？

7.21

裂縫是由很小、甚至看不見的缺陷開始的,它們可能在製造之初就已經存在,或因使用時磨損、撕扯而產生的。由於裂縫的頂端會集中外施力(applied force),使物質結構變得很脆弱。由於這種應力的集中,即使很小的力也可以讓裂縫繼續延伸,但在物質完整沒有裂縫時,卻無法作用。有時腐蝕也會使裂縫擴大。外來的分子可能進入裂縫,打斷裂縫頂端結構的分子鍵,並和這些分子作用。若新產生的分子結構占比較大的體積,就會把裂縫撐開。

7.22

當溼的鎳放出的電子穿隧(tunnel)過鉻表層的氧化層到達有氧分子的地方時,就會發生腐蝕。鎳在有缺陷的地方會慢慢地溶解掉,但溶解的速率由電子流來控制。假設在汽車的保險桿上只有幾處缺陷,電子只會從這幾處缺陷流出來,鎳很快就會溶解掉,下層的鐵材就會曝露在空氣中而生銹。如果有很多(小)缺陷,每處缺陷流出來的電子很少,鎳的溶解就很慢,下層鐵材曝露生銹的時間就拉長,保險桿防銹的壽命就加長了。

7.23　拋光　　　　　🔎對祖母解釋材料科學

對很多人來說，費勁的拋光工作是種折磨，譬如說擦亮銀器。「磨蝕」有什麼作用？是把表面不平的地方磨掉或「熔」掉，還是把表面上的突起推到凹下去的位置？

事實上，牛頓曾企圖解釋拋光的過程，但三百年來，拋光作用的特性仍未有明確的答案，儘管近年的研究對它已有多一些了解。

究竟什麼是「光滑的表面」？和什麼東西比較算是光滑？在分子尺度下，不管拋光是磨蝕、熔化還是移高補低的作用，這個過程到底對物體表面做了什麼？

7.23

抛光的過程並不是把表面的突起轉移至凹處，也不是使加熱表面。第一項作用根本不會發生，而抛光時或許會因表面的摩擦而有生熱，但抛光的目的也不在此。

抛光純粹是把表面突起的部分磨掉。若用力打磨，會除掉大量的物質，輕輕地磨會除去分子般的細微物質。最後表面所有突起來的部分會被磨到與凹處同水平，以微觀尺度看來，表面就很光滑了。

7.24 黏黏的手指

🔎 對祖母解釋材料科學

為什麼黏著劑會黏黏的？這是個看起來很簡單卻很難回答的問題。你或許企圖以分子間力（intermolecular force）來瞞混過去，但這樣的簡單答案裡卻藏著困難在裡面。

打個比方，我的咖啡杯為什麼能保持完整而不散開？是因為分子間力嗎？如果它裂成兩半，我很小心地把它拼回去，可能拼得非常好，甚至看不見任何裂痕。這樣兩半碎塊會再癒合嗎？這時的分子間力不是和碎裂前一樣嗎？

膠、漿糊或一些黏著劑在這個時候就派上用場了，但實際上它們是如何作用的？黏著劑一定要黏黏的嗎？且非是流體不可嗎？為什麼有些黏著劑可以黏咖啡杯，有些卻不行？有沒有什麼物質是任何黏著劑都黏不住的？

有時候兩種材料可以不用黏著劑就自然地黏在一起，這才真令人耽心。在早期由人親自駕駛太空船進行太空探險任務時，大家真的很耽心太空靴的金屬底板會自然地和金屬太空艙黏在一起。為什麼會有這種顧慮？我們真要感謝這種情況不會經常發生，否則世界在很早以前就黏成一團亂了！

Answer

7.24

黏著劑會黏是由於分子引力的緣故，塗抹黏著劑的材料表面分子與黏著劑的分子間互相吸引。任何東西都可以當黏著劑，但大部分物質由於自身的其他特性，不適合當黏著劑來用。例如，水就可以把任何東西黏在一起，但它的抗剪強度（shear strength）太低，所以不好用。

大部分的黏著劑是液體，至少一開始用的時候是液體，因為它必須和要膠合的物體表面緊密接觸。要將兩個表面黏接，它們彼此間的距離只能有幾埃（angstrom，10^{-10}公尺，大約是小原子或小分子的大小）。固體表面大多粗糙，彼此之間只有很小的部分是緊貼在一起的，液體膠則可以流進這些不規則的表面，提供完整的緊密接觸。

多數的表面不能接合的另一個原因是表面不乾淨，像是我的破咖啡杯邊緣。若接觸面經過清洗、磨平，則會自然地黏合在一起，就像早期太空任務時所耽心的問題。自然的黏合可以在剛層層分開的雲母（mica）上看見。如果在分開後幾秒內把雲母片重新接起來，它們就會黏合在一起，但若等個幾分鐘的話，空氣與灰塵就會污染接觸面，使雲母無法再自然黏合了。

圖片來源
索引

圖片來源

英文原著附圖，作者提供：

5.2, 5.4, 5.5, 5.10, 5.11, 5.15, 5.21, 5.23, 5.32, 5.38, 5.39, 5.40, 5.41左, 5.43（p. 50）, 5.44（p.52）, 5.46（p.57）, 5.54, 5.57, 5.71, 5.75, 5.78, 5.95, 5.96, 5.97, 5.105, 5.118, 5.120, 5.128, 5.130, 5.132, 5.135, 5.136, 6.2, 6.9, 6.12, 6.21, 6.22, 6.23, 6.24, 6.26, 6.33, 6.34, 6.36, 6.49, 7.5, 7.9, 7.10, 7.22

英文原著附圖，S. Harris 繪：

5.77, 6.6, 6.30, 7.3

英文原著附圖：

5.3：取材自 American Journal of Physics（Vol. 35, p. 774, 1967）, C. Adler

5.9：Field Enterprises，John Hart提供

5.16：取材自 American Journal of Physics（Vol. 40, p. 913, 1972）, W. M. Strouse

5.22：Field Enterprises，John Hart提供

5.41右：取材自 Mathematical and Regional Geography（No. 11, 1971）,

　　　　J. O. Mattsson, S. Nordbeck, B. Rystedt

5.51：取材自 Weather（Vol. 23, p. 39, 1968）, S. G. Cornford

5.60：取材自 Introduction to Physical Meteorology, Pennsylvania State University，

　　　H. Neuberger提供

5.103：取材自 *Applied Physics Letters*（Vol.19(8), p.283, 1971），

　　　 A. Ashkin、J. M. Dziedzic

5.110：Field Enterprises，John Hart提供

5.122：取材自 *Vision Research*（Vol. 8, p. 99, 1968），J. D. Moreland

5.127：取自 *Mach Bands: Quantitative Studies on Neural Networks in the Retina*，

　　　 Floyd Ratliff提供

5.129：取材自 *American Journal of Physics*（Vol. 20, p. 247, 1952），

　　　 S. F. Jacobs、A. B. Stewart

5.134：Field Enterprises，John Hart提供

6.45：取自 *Lightning Protection for Electric Systems*，Edward Beck提供

7.2：取自「Victory Vehicles」，Walt Disney Co.提供

7.5（p.259）：Field Enterprises，John Hart提供

7.15：Field Enterprises，John Hart提供

中文版附圖，江儀玲 繪：

5.6, 5.12, 5.36, 5.49, 5.50, 5.69, 5.89, 5.109, 5.113, 5.137, 6.13, 6.31, 6.40, 6.44, 7.4, 7.21, 7.23

中文版附圖，邱意惠 繪：

5.43（p. 51），5.44（p. 53），5.45, 5.46（p. 59），5.93

索引

物理
馬戲團

物理
馬戲團 閱｜讀｜筆｜記

物理
馬戲團　閲｜讀｜筆｜記

國家圖書館出版品預行編目資料

物理馬戲團Q&A. 3, 讓你目光如電的光學、電磁學題庫 / 沃克
（Jearl Walker）著；葉偉文譯. -- 第二版. -- 臺北市：遠見
天下文化, 2009.06
面；公分. --（科學天地；17A）
含索引
譯自：The flying circus of physics with answers
ISBN 978-986-216- 346-7（平裝）

1. 物理學　　2. 光學　　3. 電磁學　　4. 問題集

330.22　　　　　　　　　　　　　　　　98008481

閱讀天下文化，傳播進步觀念。

- 書店通路 —— 歡迎至各大書店 · 網路書店選購天下文化叢書。

- 團體訂購 —— 企業機關、學校團體訂購書籍，另享優惠或特製版本服務。
  請洽讀者服務專線 02-2662-0012 或 02-2517-3688 * 904 由專人為您服務。

- 讀家官網 —— 天下文化書坊
  天下文化書坊網站，提供最新出版書籍介紹、作者訪談、講堂活動、書摘簡報及精彩影音
  剪輯等，最即時、最完整的書籍資訊服務。
  www.bookzone.com.tw

- 閱讀社群 —— 天下遠見讀書俱樂部
  全國首創最大 VIP 閱讀社群，由主編為您精選推薦書籍，可參加新書導讀及多元演講活
  動，並提供優先選領書籍特殊版或作者簽名版服務。
  RS.bookzone.com.tw

- 專屬書店 —— 「93巷 · 人文空間」
  文人匯聚的新地標，在商業大樓林立中，獨樹一格空間，提供閱讀、餐飲、課程講座、
  場地出租等服務。
  地址：台北市松江路93巷2號1樓　電話：02-2509-5085
  CAFE.bookzone.com.tw

科學天地 17A

物理馬戲團❸ Q&A
讓你目光如電的光學、電磁學題庫

原　　著／沃　克
譯　　者／葉偉文
顧 問 群／林　和、牟中原、李國偉、周成功
科學館總監／林榮崧
責任編輯／王季蘭
封面設計暨美術編輯／江儀玲

出 版 者／遠見天下文化出版股份有限公司
創 辦 人／高希均、王力行
遠見・天下文化事業群 董事長／高希均
事業群發行人／CEO／王力行
出版事業部總編輯／王力行
版權部協理／張紫蘭
法律顧問／理律法律事務所陳長文律師　　　著作權顧問／魏啟翔律師
社　　　址／台北市104松江路93巷1號2樓
讀者服務專線／（02）2662-0012　傳真／（02）2662-0007；2662-0009
電子信箱／cwpc@cwgv.com.tw
直接郵撥帳號／1326703-6號　遠見天下文化出版股份有限公司

電腦排版／東豪印刷事業有限公司
製 版 廠／東豪印刷事業有限公司
印 刷 廠／祥峰印刷事業有限公司
裝 訂 廠／政春裝訂實業有限公司
登 記 證／局版台業字第2517號
總 經 銷／大和書報圖書股份有限公司　電話／（02）8990-2588
出版日期／2000年5月25日第一版
　　　　　2017年1月5日第二版第4次印行

定　　價／300元
書　　號／WS017A
原著書名／The Flying Circus of Physics with Answers
Copyright ©1977 by John Wiley & Sons, Inc.
Complex Chinese Edition Copyright © 2000, 2009 by Commonwealth Publishing Co., Ltd.,
a member of Commonwealth Publishing Group
Published by arrangement with John Wiley & Sons, Inc.
Authorized translation from the English language edition published by John Wiley & Sons, Inc.
ALL RIGHTS RESERVED
ISBN: 978-986-216-346-7　　（英文版ISBN: 0-471-02984-x）

※ 本書如有缺頁、破損、裝訂錯誤，請寄回本公司調換。

Believe in Reading